物联网实验教程

邵奇可　董　俊　毛科技　主　编

毛剑飞　周　雪　竺超明　颜世航　副主编

浙江工商大學出版社
ZHEJIANG GONGSHANG UNIVERSITY PRESS

图书在版编目(CIP)数据

物联网实验教程 / 邵奇可，董俊，毛科技主编. —杭州：浙江工商大学出版社，2015.5

ISBN 978-7-5178-1063-6

Ⅰ. ①物… Ⅱ. ①邵… ②董… ③毛… Ⅲ. ①互联网络—应用—高等学校—教材②智能技术—应用—高等学校—教材 Ⅳ. ①TP393.4②TP18

中国版本图书馆 CIP 数据核字(2015)第 092087 号

物联网实验教程

邵奇可　董　俊　毛科技 主编

责任编辑　罗丁瑞
封面设计　王好驰
责任校对　宋德康
责任印制　包建辉
出版发行　浙江工商大学出版社
(杭州市教工路 198 号　邮政编码 310012)
(E-mail:zjgsupress@163.com)
(网址:http://www.zjgsupress.com)
电话:0571-88904980,88831806(传真)
排　　版　杭州朝曦图文设计有限公司
印　　刷　浙江云广印业股份有限公司
开　　本　787mm×1092mm　1/16
印　　张　13
字　　数　303 千
版 印 次　2015 年 5 月第 1 版　2015 年 5 月第 1 次印刷
书　　号　ISBN 978-7-5178-1063-6
定　　价　35.00 元

前　　言

2010年，三位一体的蓝牙4.0技术规范发布了，蓝牙4.0包括传统蓝牙、低功耗蓝牙和高速蓝牙技术，这三个规格可以组合或者单独使用。蓝牙4.0规范的核心是低功耗技术(Low Energy)即蓝牙4.0BLE。蓝牙4.0是3.0的升级版本，较3.0版本更省电、成本低、3毫秒低延迟、超长有效连接距离、AES-128加密等，但该技术最大特点是拥有超低的运行和待机功耗，一颗纽扣电池可以让设备连续工作数年之久，可应用于对成本和功耗都有严格要求的无线方案及手机等移动设备及物联网领域，且在能保证节点几乎永久工作时，连接节点不会有丝毫的延迟。这种永久打开且瞬间连接的能力非普通蓝牙或其他无线连接可以比拟。

由于近年来智能手机(Smart Phone)的迅速普及，大街小巷、地铁公交，多少人在低头刷屏，手机上的各种应用如雨后春笋，带动了各种手机应用开发，手机越来越成为“我的物联网(Internet of My Things)”的中枢设备。目前几乎百分之百的智能手机都标配了蓝牙3.0，而随着2010年蓝牙4.0的发布，目前iPhone 4S，iPhone5，三星GallaxyS3、S4、Note2等一些主流智能手机都已经支持蓝牙4.0，刚刚发布不久的安卓4.3也提供了蓝牙4.0的应用程序编程接口(API)。由于蓝牙4.0是蓝牙3.0的升级版本，且兼容3.0，并提供了低功耗应用的蓝牙4.0BLE。可以预见，在不久的将来，在物联网领域，蓝牙4.0技术规范将成为一颗璀璨的新星，在医疗、生活、智能家居、尤其是“我的物联网”中发挥举足轻重的作用。

本书作为物联网技术开发入门教程，重点在于实践，建议课程课内48学时，其中讲课16学时，上机实践32学时，课内课外学时比例为1 : 1.5。第一部分和第二部分为讲课，建议16学时，第三部分则主要是学生上机，建议32学时，建议在做每个实验之前，先简单讲解一下上机任务和过程安排。具体内容与课时安排如下表。

课程教学内容及学时分配

1. 理论教学安排

序号	章节或知识模块	教学内容	学时分配
1	无线传感网络介绍	介绍无线传感网络体系、特点、关键技术、应用及国内外研究现状	4
2	通信标准	讲述无线传感网络主要通信标准	4
3	实验平台环境	讲解实验平台软硬件开发环境	2
4	实验开发平台介绍	讲述开发板各模块的结构及组成	2
5	实验开发平台搭建	讲解和演示IAR软件的安装以及协议栈的安装	4

2. 实践教学安排

序号	项目名称	学时	类型	每组人数
1	LED 实验、流水灯实验、蜂鸣实验	4	上机	1
2	按键控制 LED、中断方式控制	4	上机	1
3	定时器实验	4	上机	1
4	串口实验	6	上机	1
5	ADC 实验	4	上机	1
6	睡眠和唤醒实验	4	上机	1
7	看门狗实验	2	上机	1
8	Flash 实验	2	上机	1
9	总线实验	2	上机	1

本书特点：

1. 深入浅出、循序渐进、注重细节

本书在内容编排上，采用模块化、进阶式的安排，由浅入深，由易到难，从构建系统软硬件平台开始，结合 CC2540 芯片原理，从最简单的点亮一盏小小的 LED 灯，到定时器实验、串口实验、ADC 实验，再到复杂的总线实验，由浅及深，让初学者从零基础开始，慢慢深入了解和学习蓝牙芯片开发。本书详尽地描述了开发和设计的整个过程，注重细节，务求浅显易懂，力求真实、效果再现。只要认真学习本书，我们相信，每个读者最后都能自己做出自己的作品。

2. 以"我"为中心

与其他教程不同的是，本书以"我"为中心，把"我"的整个蓝牙学习和开发过程的感想体会和对读者的希望都真实记录下来，这个过程当然会有些弯路，但这些弯路或者一笔带过，或者忽略，本书力求呈现给读者一条"宽阔且笔直的"蓝牙学习之路。虽然是以"我"为中心，通过"我"的学习和实践来详细地展现整个蓝牙 4.0BLE 学习和开发的过程，但其实也希望让读者以自己为中心，积极地参与项目实践，一步步构建自己的蓝牙项目。

3. 任务驱动

本书以任务驱动方式讲解，每次实验都提出具体任务，便于教师安排学生实验，也便于读者自行实验之后再对比。每个实验都配以相关图文解释，以激发读者学习热情，务求达到快速理解的效果，所有效果图片都是程序正确运行时现场拍摄的，以务求代码的准确无误，不致误导读者。实验由简单到复杂，循序渐进，遵从学习的规律。

4. 学习成本低

一般物联网实验工具箱动辄几千或几万元，让广大有志学习物联网技术的同学和工程师望而却步。而本书的所有实验，仅仅建立在两块 CC2540 开发板上，外加 CCDBG 仿真器和串口即可轻松调试。且只要稍加修改配置，实验可在任何 CC2540 开发板上轻松实现，目前各款 CC2540 开发板的淘宝价格大致二、三百元不等。随着蓝牙 4.0 开发应用的迅速增长，成本还将进一步下降，由于 CC2540 开发板设计都有非常成熟的现成方案，不考虑时间成本的话，甚至读者自己都可以设计，这更能锻炼初学者的硬件动手能力，这样成本还更低。低门槛的学习和开发成本，将更有利于广大学生和工程师学习和开发蓝牙 4.0BLE。学习本书，大家完全可以开发出自己特色的蓝牙设备，再配上你的手机，让你的手机通过蓝牙来感知世界，认真地体会“我”的物联网。

浙江工业大学的邵奇可主要编写了第 1—5 章，浙江广播电视大学萧山学院董俊主要编写了第 6—7 章，浙江工业大学毛科技主要编写了第 8—9 章，浙江工业大学毛剑飞主要编写了第 10—12 章，浙江广播电视大学萧山学院周雪和竺超明编写了第 13—14 章，浙江工业大学颜世航参与了第 2—3 章的编写。全文由邵奇可、毛科技和毛剑飞统稿。由邵奇可、董俊、毛科技任主编；毛剑飞、周雪、竺超明、颜世航任副主编。

限于编者水平，出错之处在所难免，恳请各位读者给予批评指正，联系方式：sqk@zjut.edu.cn。

本书受浙江工业大学重点教材建设项目资助，在此表示感谢。

本书由浙江工商大学出版社出版，在此表示感谢。

目 录

第1篇 物联网与传感网

第2篇 物联网基础实验平台

CHAPTER ONE

第 1 篇

物联网与传感网

本篇内容

第 1 章　物联网中的无线传感器网络

1.1　WSN 的特点

无线传感器网络(Wireless Sensor Networks,WSN),又称无线传感网。WSN 是由部署在监测区域内大量的微型传感器节点组成,通过无线通信方式形成的一个多跳的自组织的网络系统,其目的是协作地感知、采集和处理网络覆盖区域中被感知对象的信息,并发送给观察者。WSN 技术贯穿物联网的 3 个层面,结合了计算、通信、传感器 3 项技术,具有范围较大、低成本、高密度、灵活布设、实时采集、全天候工作的优势,且对物联网产业具有显著带动作用。

WSN 主要有以下特点。

(1)大规模

为了获取精确信息,在监测区域通常部署大量传感器节点,可能达到成千上万,甚至更多。无线传感网的大规模性包括两方面的含义:一方面是传感器节点分布在很大的地理区域内,如在原始大森林进行森林防火和环境监测,需要部署大量的传感器节点;另一方面,传感器节点部署很密集,在面积较小的空间内,密集部署了大量的传感器节点。无线传感网的大规模性具有如下优点:通过不同空间视角获得的信息具有更大的信噪比;通过分布式处理大量的采集信息能够提高监测的精确度,降低对单个节点传感器的精度要求;大量冗余节点的存在,使得系统具有很强的容错性能;大量节点能够增大覆盖的监测区域,减少洞穴或者盲区。

(2)自组织

自组网的最大优势是能够自动实现网络互联。在传感器网络的应用中,通常情况下传感器节点被放置在没有基础设施的地方,传感器节点的位置不能预先精确设定,节点之间的相互邻居关系预先也未知,如通过飞机播撒大量传感器节点到面积广阔的原始森林中,或随意放置到人不可到达的或危险的区域。这就要求传感器节点具有自组织的能力,能够自动进行配置和管理,通过拓扑控制机制和网络协议自动形成转发监测数据的多跳无线网络。在传感网络使用过程中,部分传感器节点由于能量耗尽或环境因素造成失效,另外一些节点为了弥补失效节点、增加监测精度而补充到网络中,因此在传感器网络中的节点个数就动态地增加或减少,从而使网络的拓扑结构随之动态地变化。传感器网络的自组织性要能够适应这种网络拓扑结构的动态变化。

(3)动态性

传感器网络的拓扑结构可能因为下列因素而改变:1)环境因素或能量耗尽造成的传感器节点故障或失效;2)环境条件变化可能造成无线通信链路带宽变化,甚至时断时通;

3)传感器网络的传感器、感知对象和观察者这三要素都可能具有移动性;4)新节点的加入。因此要求传感器网络要能够适应拓扑结构的变化,具有动态的系统可重构性。

(4)可靠性

WSN特别适合部署在恶劣环境或人类不宜到达的区域,节点可能工作在露天环境中,遭受日晒、风吹、雨淋,甚至遭到人或动物的破坏。传感器节点往往采用随机部署的方式,如通过飞机撒播或发射炮弹到指定区域进行部署。这些都要求传感器节点非常坚固,不易损坏,适应各种恶劣环境条件。由于监测区域环境的限制以及传感器节点数目巨大,不可能人工"照顾"每个传感器节点,因此网络的维护十分困难甚至不可维护。传感器网络的通信保密性和安全性也十分重要,要防止监测数据被盗取和获取伪造的监测信息。因此,传感器网络的软硬件必须具有鲁棒性和容错性。

(5)以数据为中心

互联网是先有计算机终端系统,然后再互联成为网络,终端系统可以脱离网络独立存在。在互联网中,网络设备用网络中唯一的IP地址标识,资源定位和信息传输依赖于终端、路由器、服务器等网络设备的IP地址。如果想访问互联网中的资源,首先要知道存放资源的服务器IP地址。可以说现有的互联网是一个以地址为中心的网络。传感器网络是任务型的网络,脱离传感器网络谈论传感器节点没有任何意义。传感器网络中的节点采用节点编号标识,节点编号是否需要全网唯一取决于网络通信协议的设计。由于传感器节点随机部署,其构成的传感器网络与节点编号之间的关系是完全动态的,表现为节点编号与节点位置没有必然联系。用户使用传感器网络查询事件时,直接将所关心的事件通告给网络,而不是通告给某个确定编号的节点。网络在获得指定事件的信息后汇报给用户。这种以数据本身作为查询或传输线索的思想更接近于自然语言交流的习惯。所以通常说传感器网络是一个以数据为中心的网络。例如,在应用于目标跟踪的传感器网络中,跟踪目标可能出现在任何地方,对目标感兴趣的用户只关心目标出现的位置和时间,并不关心哪个节点监测到目标。事实上,在目标移动的过程中,必然是由不同的节点提供目标的位置消息。

(6)集成化

传感器节点的功耗低,体积小,价格便宜,实现了集成化。其中,微机电系统技术的快速发展为无线传感器网络节点实现上述功能提供了相应的技术条件,在未来,类似"灰尘"的传感器节点也将会被研发出来。

(7)密集的节点部署

在安置传感器节点的监测区域内,部署有数量庞大的传感器节点。通过这种部署方式可以对空间抽样信息或者多维信息进行捕获,通过相应的分布式处理,即可实现高精度的目标检测和识别。另外,也可以降低单个传感器的精度要求。密集部署节点之后,将会存在许多冗余节点,这一特性能够提高系统的容错性能,对单个传感器的要求大大降低。最后,适当将其中的某些节点进行休眠调整,还可以延长网络的使用寿命。

(8)协作方式执行任务

协作方式通常包括协作式采集、处理、存储以及传输信息。通过协作的方式,传感器节点可以共同实现对对象的感知,从而得到完整的信息。这种方式可以有效克服和处理存储能力不足的缺点,共同完成复杂任务的执行。在协作方式下,传感器之间的节点实现远距离通信,可以通过多跳中继转发,也可以通过多节点协作发射的方式进行。

(9)应用相关的网络

无线传感器网络用来感知客观物理世界,获取物理世界的信息量。客观世界的物理量多种多样,不可穷尽。不同的传感器网络应用关心不同的物理量,因此对传感器的应用系统也有多种多样的要求。不同的应用背景对传感器网络的要求不同,其硬件平台、软件系统和网络协议必然会有很大差别。所以传感器网络不能像 Internet 一样,有统一的通信协议平台。不同的传感器网络应用虽然存在一些共性问题,但在开发传感器网络应用中,更关心传感器网络的差异。针对每一个具体应用来研究传感器网络技术,让系统更贴近应用,才能做出最高效的目标系统。

此外,无线传感网络还具有低速率、低功耗、近距离、低成本等特点。传感网的速率通常小于 500 kbps。传感网功耗低,能够用电池供电,并且至少可使用 5 个月。因为通信的距离很大程度上取决于发射功率,因此其功耗低,距离也不远,满足某些领域、场合的需要。WSN 是靠大量的冗余节点实现数据的采集、处理和传输,量大必须便宜。

上述的特点,满足了 WSN 在环境检测、太空探测、智能家居、医疗、军事等领域的应用,存在着巨大的潜力和商机。但是因为电磁波易受干扰性,通信链路存在着一定的不确定性和不可靠性,因此对实时要求很高的工业领域,目前应用还存在一些问题。

1.2 WSN 的体系结构

1.2.1 WSN 体系结构

WSN 体系结构是无线传感器网络的研究热点之一。无线传感器网络是一种大规模自组织网络,在研究无线传感器网络体系结构时,需要考虑以下几个特点:(1)无线传感器网络的节点主要由电池供电,所以节点的能耗是网络系统设计中最重要的因素之一;(2)相比于一般的 Ad Hoc 网络,无线传感器网络具有较多的节点,从网络的可扩展性来说要复杂得多;(3)由于无线传感器网络应用环境的特殊性,其无线通信的信道很不稳定,而且由于能量有限,传感器节点受损概率远大于一般的自组织网络,因此必须保证无线传感器网络的健壮性;(4)无线传感器网络的拓扑结构具有动态变化的特性。这些特点使得无线传感器网络有别于传统的自组织网络,在体系结构设计中需要重点考虑。

一个典型的 WSN 体系结构包括:分布式传感器节点、接收和发送器、互联网以及用户操作界面。无线传感器网络中的节点通过飞机播撒或人工部署等方式,密集部署在感知对象的内部或附近。这些节点通过自组织方式构建无线网络,以协作方式感知、采集和处理网络覆盖区中特定信息,实现对任意地点信息在任意时间的采集、处理和分析。典型的 WSN 体系结构如图 1.1 所示。

传感器节点散布在指定的感知区域内,每个节点都可以收集数据,并通过多跳路由方式把数据传送到汇聚节点(Sink 节点)。Sink 节点也可以用同样的方式将信息发送给各节点。Sink 节点直接与 Internet 或通信卫星相连,通过 Internet 或通信卫星实现用户与

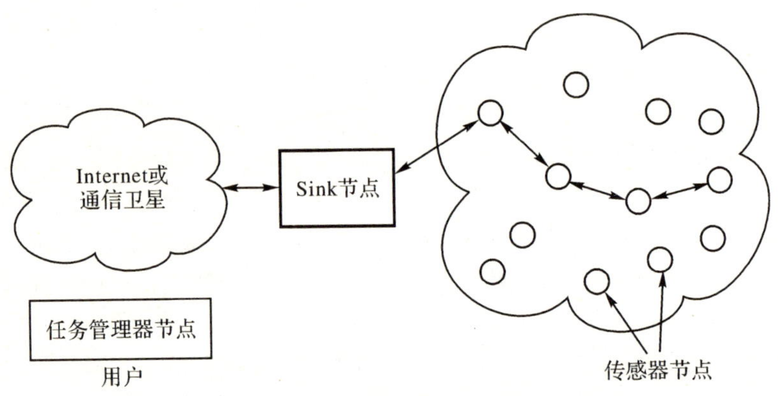

图 1.1　典型的 WSN 体系结构

传感器之间的通信。

传感器节点通常是一个微型的嵌入式系统，通过携带能量有限的电池供电，因此，处理器能力、存储能力和通信能力相对较弱。从网络功能上看，每个传感器节点具有采集、接收、处理和发送数据的功能，部分节点还兼顾路由的功能，除了进行本地信息收集和数据处理外，还要对其他节点转发来的数据进行存储、管理等处理，同时与其他节点协作完成一些特定任务。传感器节点一般由处理器模块（包括 CPU、存储器、嵌入式操作系统等）、无线通信模块、传感器、AD（转换模块）和能源供应模块组成，如图 1.2 所示。

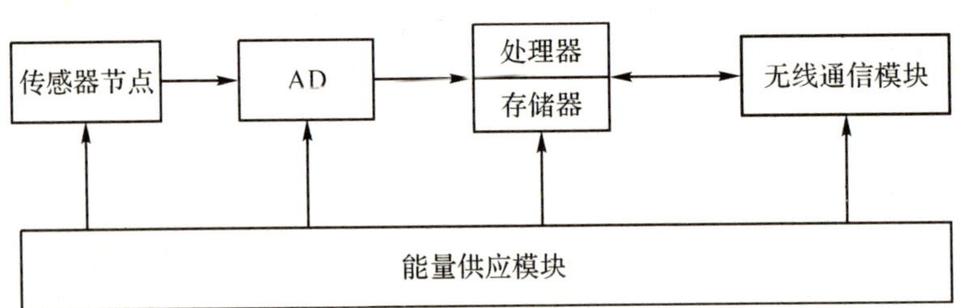

图 1.2　WSN 节点体系结构

传感器从外界采集感知对象的信息，通过 AD 转换后交给处理器模块进行处理，处理器模块除了存储、处理采集来的数据外，还负责控制整个传感器节点的操作，并通过无线通信模块实现节点之间的通信。能量供应模块给各个模块提供电源，一般都是用电池来提供电源。此外，可选择的其他功能单元包括：定位系统、移动系统以及电源自供电系统等。

1.2.2　WSN 协议

WSN 协议是网络的协议分层以及网络协议的集合，是对网络及其部件所应完成功能的定义和描述。对无线传感器网络来说，其网络协议不同于传统的计算机网络和通信网络。如图 1.3 所示是一个无线传感网络的协议模型。该模型既参考了现有的计算机网络的 TCP/IP 和 OSI 模型的架构，同时又包含了传感器网络特有的能量管理、移动管理及任务管理。WSN 多采用 5 层协议标准：应用层、传输层、网络层、数据链路层、物理层，与互联网协议栈的 5 层协议相对应。另外，协议栈还包括能量管理平台、移动管理平台和任务管理平台。管理层的存在主要是用于协调不同层次的功能以求在能量管理、移动管理和任务管理方面获得综合考虑的最优设计。这些管理平台使得传感器节点能够按照能源高效的方式协同工作,在节点移动的传感器网络中转发数据,并支持多任务和资源共享。

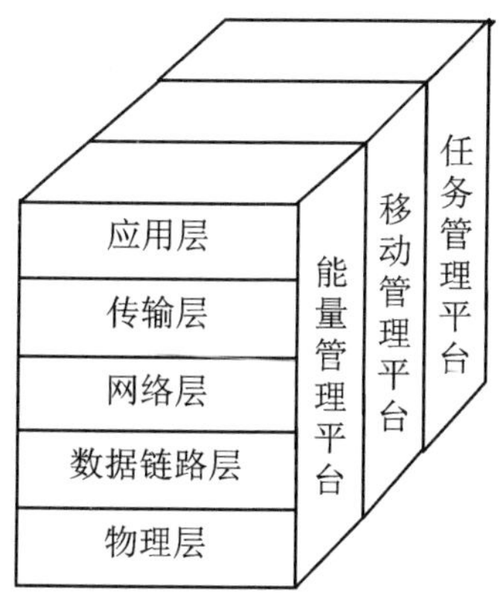

图1.3 WSN网络协议模型

(1)物理层

物理层为系统提供一个简单、稳定的信号调制和数据无线收发技术,所采用的传输介质主要有无线电、红外线、光波等。WSN推荐使用免许可证频段(ISM)。物理层的设计既有不利因素,例如传播损耗因子较大,也有有利的方面,例如高密度部署的无线传感器网络具有分集特性,可以用来克服阴影效应和路径损耗。

(2)数据链路层

数据链路层负责路由生成和路由选择来协调无线媒质的访问,负责数据成帧、帧检测、媒体访问和差错控制。其中,媒体访问协议保证可靠的点对点和点对多点通信;差错控制则保证源节点发出的信息可以完整无误地到达目标节点。

(3)网络层

网络层主要负责数据的传输控制,尽量减少相邻节点之间的冲突,保证通信服务质量。网络层负责路由的发现和维护,由于大多数节点无法直接与网关通信,因此需要通过中间节点以多跳路由的方式将数据传送至汇聚节点。而这就需要在WSN节点与接收器节点之间多跳的无线路由协议。

(4)传输层

传输层负责数据流的传输控制,主要通过汇聚节点采集传感网络内的数据,并使用卫星、移动通信网络、Internet或者其他的链路与外部网络通信,是保证通信服务质量的重要部分。

(5)应用层

应用层为不同的应用提供了一个相对统一的高层接口,由各种面向应用的软件系统构成,包括一系列基于监测任务的应用层软件。主要研究各种传感网络应用的具体系统的开发,例如:作战环境侦查与监控系统,情报获取系统,灾难预防系统等等。

(6)管理层

能量、移动和任务管理负责传感节点能量、移动和任务分配的监测,帮助传感节点协调感测任务,尽量减少整个系统的功耗。能量管理平台管理节点如何使用能量,尽量节省能量。移动管理平台检测传感器节点的移动，维护到汇聚节点的路由，使得传感器节点能够动态跟踪其邻居的位置。任务管理平台在一个给定的区域内平衡和调度监测任务。

1.2.3 WSN 拓扑结构

WSN 的拓扑结构是组织 WSN 节点的组网技术，有多种组网形态和方式。按照其组网形态和方式来看，有集中式、分布式和混合式。WSN 的集中式结构类似移动通信的蜂窝结构，集中管理；WSN 的分布式结构，类似 Ad Hoc 网络结构，可自组织网络接入连接，分布管理；WSN 的混合式结构包括集中式和分布式结构的组合；WSN 的网状式结构，类似 Mesh 网络结构，网状分布连接和管理。如果按照节点功能及结构层次来看，WSN 的拓扑结构通常可分为平面网络结构、层次网络结构、混合网络结构，以及 Mesh 网络结构。无线传感器节点经多跳转发，通过基站或汇聚节点或网关接入网络，在网络的任务管理节点对感应信息进行管理、分类和处理，再把感应信息送给应用用户使用。研究和开发有效、实用的无线传感网络结构，对构建高性能的无线传感网络十分重要，因为网络的拓扑结构严重制约无线传感网络通信协议（如 MAC 协议和路由协议）设计的复杂度和性能的发挥。下面根据节点功能及结构层次分别加以介绍。

（1）平面网络结构

平面网络结构是无线传感网络中最简单的一种拓扑结构，如图 1.4 所示，所有节点为对等结构，具有完全一致的功能特性，也就是说每个节点均包含相同的 MAC、路由、管理和安全等协议。这种网络拓扑结构简单，易维护，具有较好的健壮性，事实上就是一种 Ad Hoc 网络结构形式。由于没有中心管理节点，故采用自组织协同算法形成网络，其组网算法比较复杂。

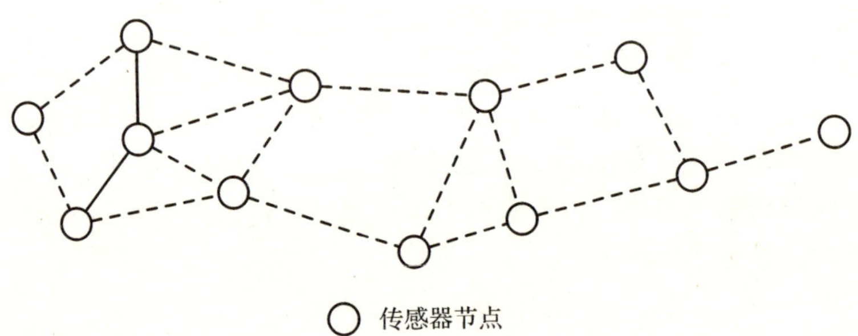

传感器节点

图 1.4 WSN 平面网络结构

（2）层次网络结构

层次网络结构是无线传感网络中平面网络结构的一种扩展拓扑结构，如图 1.5 所示，网络分为上层和下层两个部分：上层为中心骨干节点；下层为一般传感器节点。通常网络可能存在一个或多个骨干节点，骨干节点之间或一般传感器节点之间采用的是平面网络结构。具有汇聚功能的骨干节点和一般传感器节点之间采用的是层次网络结构。所有骨干节点为对等结构，骨干节点和一般传感器节点有不同的功能特性，也就是说每个骨干节点均包含相同的 MAC、路由、管理和安全等功能协议，而一般传感器节点可能没有路由、管理及汇聚处理等功能。这种分级网络通常以簇的形式存在，按功能分为簇首（具有汇聚功能的骨干节点:cluster-head)和成员节点(一般传感器节点:members)。这种网络拓扑结构扩展性好,便于集中管理,可以降低系统建设成本,提高网络覆盖率和可靠性,但是集中管理开销大,硬件成本高,一般传感器节点之间可能不能够直接通信。

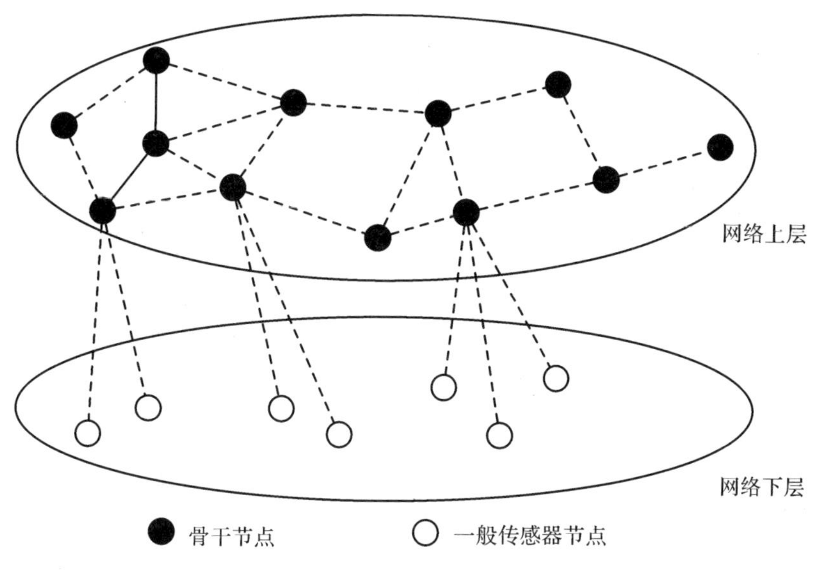

图 1.5　WSN 层次网络结构

(3)混合网络结构

混合网络结构是无线传感器网络中平面网络结构和层次网络结构的一种混合拓扑结构,如图 1.6 所示。

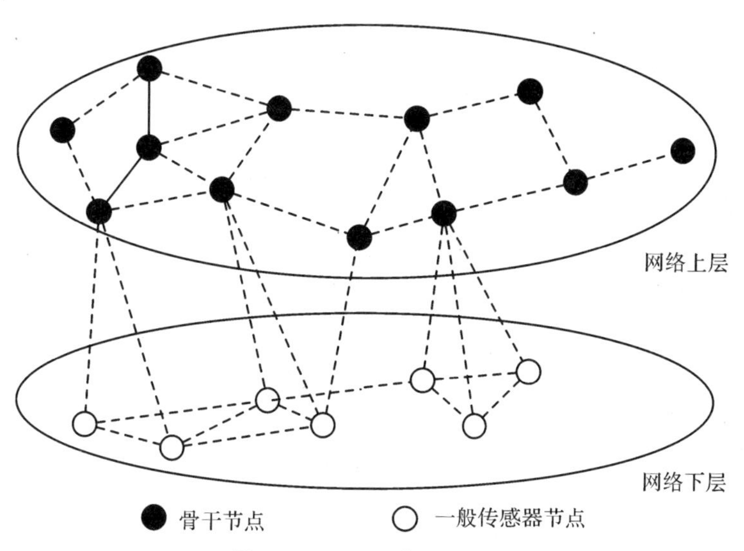

图 1.6　WSN 混合网络结构

网络骨干节点之间及一般传感器节点之间都采用平面网络结构,而网络骨干节点和一般传感器节点之间采用层次网络结构。这种网络拓扑结构和层次网络结构不同的是一般传感器节点之间可以直接通信,不需要通过汇聚骨干节点来转发数据,支持的功能更加强大，但所需硬件成本更高。

(4)Mesh 网络结构

Mesh 网络结构是一种新型的无线传感器网络结构，较传统无线网络拓扑结构具有一些结构和技术上的不同。从结构来看，Mesh 网络是规则分布的网络，不同于完全连接的网络结构，如图 1.7 所示。其通常只允许和节点最近的邻居通信，如图 1.8 所示。网络内部的节点一般都是相同的，因此 Mesh 网络也称为对等网。

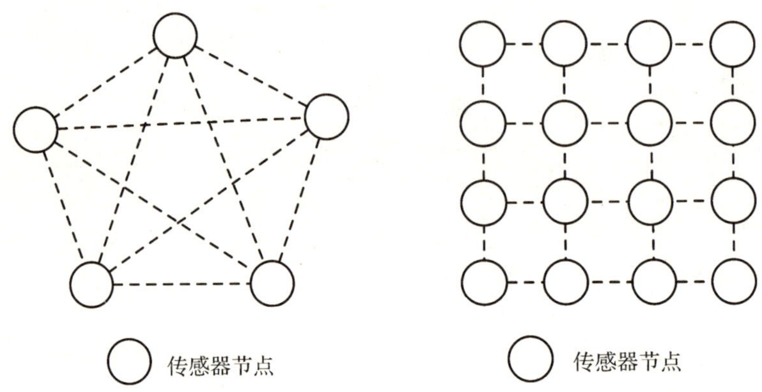

图 1.7　完全连接的网络结构　　**图 1.8　无线传感器网络 Mesh 网络结构**

Mesh 网络是构建大规模无线传感器网络的一个很好的结构模型，特别是那些分布在一个地理区域内的传感网络，如人员或车辆安全监控系统。尽管这里反映通信拓扑的是规则结构，然而节点实际的地理分布不必是规则的 Mesh 结构形态。由于通常 Mesh 网络结构节点之间存在多条路由路径，网络对于单点或单个链路故障具有较强的容错能力和鲁棒性。Mesh 网络结构最大的优点就是尽管所有节点都是对等的地位，且具有相同的计算和通信传输功能，但某个节点可被指定为簇首节点，而且可执行额外的功能。一旦簇首节点失效，另外一个节点可以立刻补充并接管原簇首那些额外执行的功能。

不同的网络结构对路由和 MAC 的性能影响较大，例如，一个 $n\times m$ 的二维 Mesh 网络结构的无线传感网络拥有 $n\times m$ 条连接链路，每个源节点到目的节点都有多条连接路径。完全连接的分布式网络的路由表会随着节点数增加而成指数增加，且路由设计复杂度是个 NP-hard 问题。通过限制允许通信的邻居节点数目和通信路径，可以获得一个具有多项式复杂度的再生流拓扑结构，基于这种结构的流线型协议本质上就是分级的网络结构。如图 1.9 所示，采用层次网络结构技术可使 Mesh 网络路由设计要简单得多，由于一些数据处理可以在每个分级的层次里面完成，因而比较适合于无线传感网络的分布式信号处理和决策。

从技术上来看，基于 Mesh 网络结构的无线传感器具有以下特点。

(1)由无线节点构成网络

这种类型的网络节点是由一个传感器或执行器构成且连接到一个双向无线收发器上。数据和控制信号是通过无线通信的方式在网络上传输的，节点可以方便地通过电池来供电。

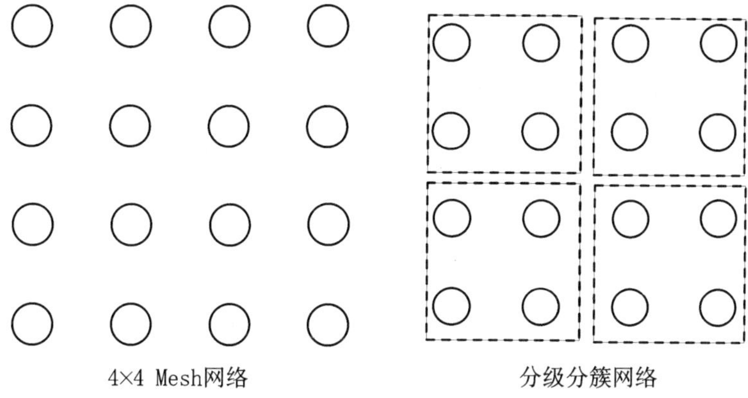

图 1.9　采用层次网络结构技术的 Mesh 结构

(2)节点按照 Mesh 网络拓扑结构部署

这是一种典型的无线 Mesh 网络拓扑,网内每个节点至少可以和一个其他节点通信,这种方式可以实现比传统的集线式或星型拓扑更好的网络连接性。除此之外,Mesh 网络结构还具有以下特征:自我形成,即当节点打开电源时,可以自动加入网络;自愈功能,当节点离开网络时,其余节点可以自动重新路由它们的消息或信号到网络外部的节点,以确保存在一条更加可靠的通信路径。

(3)支持多跳路由

来自一个节点的数据在其到达一个主机网关或控制器之前,可以通过多个其余节点转发。在不牺牲当前信道容量的情况下,扩展无线传感网络的覆盖范围是无线传感网络设计和部署的一个重要目标之一。通过 Mesh 方式的网络连接,只需短距离的通信链路,经受较少的干扰,因而可以为网络提供较高的吞吐率及较高的频谱复用效率。

(4)功耗限制和移动性取决于节点类型及应用

通常基站或汇聚节点移动性较低,感应节点可能移动性较高。基站通常不受电源限制,而感应节点通常由电池供电。

(5)存在多种网络接人方式

可以通过星型、Mesh 等节点方式和其他网络集成。

在无线传感网络实际应用中,通常根据应用需求来灵活地选择合适的网络拓扑结构。

1.3　WSN 的关键技术

(1)网络协议

由于传感器网络节点的硬件资源有限和拓扑结构的动态变化,网络协议不能太复杂但又要高效。目前研究的重点是数据链路层协议和网络层协议。鉴于降低能量消耗是无线传感器网络设计中要考虑的最重要方面,而数据链路层协议和网络层协议占据着无线通信模块绝大多数能量消耗,下面重点讨论这两个协议。

1)数据链路层协议

数据链路层的介质访问控制用来构建底层的基础结构,控制传感器节点的通信过程和工作模式。目前提出了 S-MAC、T-MAC 和 Sift 等基于竞争的 MAC 协议,DEANA、TRAMA、DMAC 和周期性调度等时分复用的 MAC 协议等。

与所有共享介质的网络一样,无线传感器网络 MAC 协议的主要目标是使节点公平、有效地共享无线信道,避免多个节点同时发送数据产生的冲突。通常有固定分配和随机访问两种主要使用无线信道的类型。在 DEANA(Distributed Energy-Aware Node Activation)协议中将帧分为调度访问部分和随机访问部分。调度访问部分由多个时隙组成,某个时隙协商为特定节点发送数据的时间,其他节点在该时隙内处于接收状态或者睡眠状态。为了进一步节省能量,每个时隙又细分为前部的控制部分和后部的数据部分,如果节点在其他发送时隙内有数据需要发送,则在时隙的控制部分发出控制消息,指出接收数据的节点 ID,然后在时隙的数据部分发送出数据。在控制部分,所有节点处于接收状态,如果节点不是数据接收者,则可以在随后的数据发送部分进入睡眠状态,以减少接收不需要的数据。与传统的 TDMA 协议相比,DEAMA 协议在节点得知不需要接收数据时进入睡眠状态,能够部分解决接收不必要数据的过度监听问题。但是,DEANA 协议需要所有节点的帧同步,不能很好支持节点移动,可扩展性差。S-MAC(Sensor MAC)协议是基于竞争的随机访问 MAC 协议,它设计的主要目标是减少能量消耗,提供良好的扩展性。针对传感器网络消耗能量的主要环节,S-MAC 协议是基本竞争的随机访问 MAC 协议,它设计的主要目标是减少采用三方面的技术措施减少能耗:第一,周期性监听和睡眠,每个节点独立调度工作状态,周期性地转入睡眠状态,从睡眠状态苏醒后进行侦听,判断是否需要通信;邻居节点之间尽量保证周期性同步,保持状态的一致件;每个节点广播自己的调度信息,通过接收邻居节点的调度信息来维持邻居节点的调度表,用于非同步节点之间的通信。第二,避免碰撞和接收不必要的数据。采用 IEEE802. 11—2003 的虚拟/物理载波侦听机制,以及 RTS/CTS 通告机制,但与 IEEE802. 11—2003 协议不同的是节点在不收发数据时进入休眠状态。第三,消息传递,考虑到传感器网络的数据融合和无线信道的易出错的特点,将一个长消息分割成几个短消息,利用 RTS/CTS 机制一次预约发送整个长消息的时间,连续发送长消息分割成的多个短消息。

2)网络层协议

网络层的路由协议决定检测信息的传输路径,目前提出了多种类型的协议,如多个能量感知的路由协议,定向扩散和谣传路由等基于查询的路由协议,GEAR 和 GEM 等基于地理位置的路由协议,有 SPEED 和 ReInForM 等支持的 QoS 的路由协议。

针对传感器网络的特点与通信需求,网络层需要解决通过局部信息来决策并优化全局行为(路由生成与路由选择)的问题。衡量无线传感器网络路由性能的一个重要指标就是合理地使用网络中各个传感器节点的有限能量,使得网络保持连通性的时间更长。由于传感器节点间存在冗余信息,路由机制通常与数据融合结合在一起,传输路径上中间节点在转发数据之前进行数据融合。线面介绍基于层次性的典型传感器网络路由机制。LEACH(Low Energy Adaptive Clustering Hierarchy)的核心思想是基于分簇的层次性路由,包括周期性的簇建立阶段和稳定的数据传输阶段,稳定的数据传输阶段要远大于分簇建立阶段以减少分簇带来的开销。在分簇建立阶段,相邻节点间动态地自动形成簇,节点等概率地随机称为簇首。在数据通信阶段,簇内节点把数据发送给簇首,簇首进行数据融合并把结果发送给汇聚点。由于簇首需要完成数据融合、与汇聚点通信等工作，簇首的能量消耗非常高，各节点需要等概率地担任簇首，这样才能使网络中所有节点比较均衡地消耗能量，延长整个网络的生存期。LEACH 协议的特点是分层和数据融合，分层利于网络的扩展性，数据融合能够减少通信量。TEEN（Threshold Sensitive Energy Efficient Sensor Network Protocol）路由协议把传感器网络分为节点周期性发送信息的主动网络和及时监测突发事件的反应网络。在反应网络中，人们只对属性值高于给定阈值的数据感兴趣。TEEN 协议是应用于反应网络的对 LEACH 协议的改进，其核心操作过程为：在簇首选取后，簇首会把绝对阈值和相对阈值两个参数广播给其他成员。传感器节点持续地采集数据，当采集的数据第一次大于绝对阈值时，节点把数据记录下来，同时发送给簇首；在以后的时间内，这个节点只有满足采集的数据大于绝对阈值，而且与前一次记录结果之差大于相对阈值时，才对数据进行记录并发送给簇首。TEEN 协议的改进有两个好处：第一，对于突发事件能够及时响应；第二，对于持续的突发事件，相邻两次数据之差在不大于阈值时，无需不断地发送数据，以减少通信流量。

（2）网络拓扑控制

传感器网络拓扑控制目前主要的研究问题是在满足网络覆盖度和连通度的前提下，通过功率控制和骨干网节点选择，删除节点之间不必要的无线通信链路，生产一个高效的数据转发网络拓扑结构。拓扑控制可以分为节点功率控制和层次型拓扑结构形成两个方面。功率控制方面目前已经提出了 COMPOW、LINT/lilt、CBTC、LMST、RNG、DRNG 和 DLSS 等算法，层次型拓扑控制目前提出了 TopDisc、GAF、LEACH 和 HEED 等算法。

（3）时间同步

时间同步是需要协同工作的传感器网络系统的一个关键机制。Jeremy Elson 和 Kay Romer 在 2002 年 8 月的 HotNets-I 国际会议上首次提出并阐述了无线传感器网络中的时间同步机制研究课题，该课题在传感器网络研究领域引起了关注。目前已提出了多个时间同步机制，其中 RBS、TINY/MINI-SYNC 和 TPSN 被认为是 3 个基本的同步机制。

（4）定位技术

位置信息是传感器节点采集数据中不可缺少的部分，没有位置信息的检测消息通常毫无意义。确定事件发生的位置或采集数据的节点位置是传感网络最基本的功能之一。目前的定位技术有基于距离的定位，如基于 TOA 的定位、基于 AOA 的定位、基于 RSSI 的定位等；与距离无关的定位算法，如质心算法、DV-Hop 算法、APIT 算法等等。

（5）数据融合

传感器网络存在能量约束。减少传输的数据量能够有效地节省能量，因此在从各个节点收集数据的过程中，可利用节点的本地计算和存储能力处理数据的融合，去除冗余信息，从而达到节省能量的目的。由于节点的易失效性，传感器网络也需要数据融合技术对多份数据进行综合，提高信息的准确度。但融合技术会牺牲其他方面的性能，如延迟和鲁棒性的代价。

（6）嵌入式操作系统

传感器节点是一个微型的嵌入式系统，携带非常有限的硬件资源，需要操作系统能够节能高效地使用其有限的内存、处理器和通信模块，且能够对各种特定应用提供最大的支持。在面向无线传感器网络操作系统的支持下,多个应用可以并发地使用系统的有限资源。美国加州大学伯克利分校研发了 tinyos 操作系统,在科研机构的研究中得到了比较广泛的使用,但目前仍然存在不足之处。

(7)网络安全

安全是系统可用的前提,即需要在保证通信安全的前提下,降低系统能耗,研究节能的安全算法。由于无线传感器网络受到的安全威胁与 Ad Hoc 网络不同,所以现有的网络安全机制无法应用于本领域,需要开发专门协议。目前存在两种思路:一种是从维护路由安全的角度出发,寻找尽可能安全的路由以保证网络的安全;另一种是把重点放在安全协议方面,提出一个安全解决方案这也将为这类安全问题带来一个普适模型。

(8)能量管理

传感器节点的电池能量及其有限。网络中的传感器节点由于电源能量的原因经常失效,电源能量约束是阻碍传感器网络应用的严重问题。商品化的无线发送接收器电源远远不能满足传感器网络的需要。因此,需要研究在网络工作过程中节省能源和在完成任务的前提下尽可能延长整个网络系统的生存期等问题。

(9)移动管理

这个问题实质上就是没有无线基础设施的无线传感器网络中节点查询问题。对于资源受限的无线传感器网络,最简单的资源查询方式——全局泛洪法显然不合适,需要研究寻找更有效的资源查询方法。

(10)扩展性

在无线传感器网络应用中,网络的覆盖区域可能不同,节点的个数也在变化。如网络开始部署时,节点比较密集、个数多、随着部分节点的电源耗尽,节点密度和个数都减少,这就要求网络的机制具有很好的扩展性,能够动态地适应网络规模和节点个数的变化,保证网络应用的需求。

(11)耐用性

传感器网络特别适合部署在恶劣环境或人类不宜到达的区域,这些区域的环境条件往往非常差,可能工作在露天环境中,遭受太阳的暴晒或风吹雨淋,甚至遭到人类或动物的破坏。传感器节点的部署往往是随机的,如通过飞机或炮弹部署。这些都要求传感器节点非常坚固,不易损坏,能适应各种恶劣环境条件。由于监测区域环境的限制以及传感器节点数目巨大,不可能人工“照顾”每个传感器节点,网络的维护十分困难甚至不可维护。因此,传感器网络的软硬件必须具有高耐用性和容错性。

1.4 WSN 的应用

虽然实现无线传感网络的大规模商业应用,由于技术等方面的制约还有待时日,但是最近几年,随着计算成本的下降以及微处理器体积越来越小,已经有为数不少的无线传感器网络开始投入使用。目前无线传感器网络的应用主要集中在以下领域。

(1)环境的监测和保护

随着人们对于环境问题的关注程度越来越高,需要采集的环境数据也越来越多,无线传感器网络的出现为随机性的研究数据获取提供了便利，并且还可以避免传统数据收集方式给环境带来的侵入式破坏。比如，英特尔研究实验室研究人员曾经将 32 个小型传感器连进互联网，以读出缅因州“大鸭岛”上的气候，用来评价一种海燕巢的条件。无线传感网络还可以跟踪候鸟和昆虫的迁移，研究环境变化对农作物的影响，监测海洋、大气和土壤的成分等。此外，它也可以应用在精细农业中，来监测农作物中的害虫、土壤的酸碱度和施肥状况等。

(2)医疗护理

无线传感器网络在医疗研究、护理领域也可以大展身手。罗彻斯特大学的科学家使用无线传感器创建了一个智能医疗房间，使用微尘来测量居住者的重要征兆(血压、脉搏和呼吸)、睡觉姿势以及每天 24 小时的活动状况。英特尔公司也推出了无线传感器网络的家庭护理技术。该技术是作为探讨应对老龄化社会的技术项目(Center for Aging Services Technologies, CAST)的一个环节开发的。该系统通过在鞋、家具以家用电器等家中用具和设备中嵌入半导体传感器，帮助老龄人士、阿尔茨海默氏病患者以及残障人士的家庭生活。利用无线通信将各传感器联网可高效传递必要的信息从而方便接受护理。而且还可以减轻护理人员的负担。英特尔主管预防性健康保险研究的董事 Eric Dishman 称:“在开发家用护理技术方面，无线传感器网络是非常有前途的领域。”

(3)军事领域

无线传感器网络具有密集型、随机分布的特点，使其非常适合应用于恶劣的战场环境中，包括侦察敌情、监控兵力、装备和物资，判断生物化学攻击等多方面用途。美国国防部远景计划研究局已投资几千万美元，帮助大学进行“智能尘埃”传感器技术的研发。哈伯研究公司总裁阿尔门丁格预测:智能尘埃式传感器及有关的技术销售将从 2004 年的 1 000万美元增加到 2010 年的几十亿美元。

(4)目标跟踪

DARPA 支持的 Scnsor IT 项目探索如何将 WSN 技术应用于军事领域，实现所谓“超视距”战场监测。UCB 的教授主持的 Sensor Web 是 Sensor IT 的一个子项目，原理性地验证了应用 WSN 进行战场目标跟踪的技术可行性——翼下携带 WSN 节点的无人机(UAV)飞到目标区域后抛下节点，最终随机撒落在被监测区域，利用安装在节点上的地震波传感器可以探测到外部目标，如坦克、装甲车等，并根据信号的强弱估算距离，综合多个节点的观测数据，最终定位目标，并绘制出其移动的轨迹。虽然该演示系统在精度等方面还远达不到装备部队用于实战的要求，这种战场侦察模式目前还没有真正应用于实战，但随着美国国防部将其武器系统研制的主要技术目标从精确制导转向目标感知与定位，相信 WSN 提供的这种新颖的战场侦察模式会越来越受到军方的关注。

(5)其他用途

无线传感器网络还被应用于其他一些领域。比如一些危险的工业环境如矿井、核电厂等，工作人员可以通过它来实施安全监测;也可以用在交通领域作为车辆监控的有力工具;此外，还可以用在工业自动化生产线等诸多领域。英特尔正在对工厂中的一个无线网络进行测试，该网络由 40 台机器上的 210 个传感器组成，这样组成的监控系统将可以大大改善工厂的运作条件。它可以大幅降低检查设备的成本，同时由于可以提前发现问题，因此能够缩短停机时间，提高效率，并延长设备的使用时间。尽管无线传感器技术目前仍处于初步应用阶段，但已经展示出了非凡的应用价值，相信随着相关技术的发展和推进，一定会得到更大的应用。

1.5 WSN的国内外研究现状

1.5.1 国外状况

WSN 的基本思想起源于 20 世纪 70 年代。1978 年，DARPA 在卡耐基梅隆大学成立了分布式传感网络工作组；1980 年，DARPA 的分布式传感网络项目开启了传感网络研究的先河；20 世纪 80—90 年代，研究主要在军事领域，并成为网络中心战的关键技术，拉开了无线传感器网络研究的序幕；20 世纪 90 年代中后期，WSN 引起了学术界、军界和工业界的广泛关注，发展了现代意义的无线传感器网络技术。

美国军方最先开始无线传感器网络技术的研究，开展了包括有 CEC、REMBASS、TRSS、SensorIT、WINS、Smart Dust、SeaWeb、μAMPS、NEST 等研究项目。美国国防部远景计划研究局已投资几千万美元，帮助大学进行无线传感器网络技术的研发。美国国家自然科学基金委员会也开设了大量与其相关的项目，NSF 于 2003 年制定 WSN 研究计划，每年拨款 3 400 万美元支持相关研究项目，并在加州大学洛杉矶分校成立了传感器网络研究中心。2005 年对网络技术和系统的研究计划中，主要研究下一代可靠、安全的可扩展的网络，可编程的无线网络及传感器系统的网络特性，资助金额达到 4 000 万美元。此外，美国交通部、能源部、国家航空航天局也相继启动了相关的研究项目。美国所有著名院校几乎都有研究小组在从事 WSN 相关技术的研究，加拿大、英国、德国、芬兰、日本和意大利等国家的研究机构也加入了 WSN 的研究。加州大学洛杉矶分校、加州大学伯克利分校、麻省理工学院、康奈尔大学、哈佛大学、卡耐基－梅隆大学等在 WSN 研究领域成绩较为突出。国际相关学术会议对 WSN 的研讨增多，检索论文数目逐年以较大幅度增加。美国的 Crossbow、Dust Network、Ember、Chips、Intel、Freescale 等公司也开展了 WSN 的研究工作。

欧盟第 6 个框架计划将“信息社会技术”作为优先发展领域之一，其中多处涉及到对 WSN 的研究。日本总务省在 2004 年 3 月成立了“泛在传感器网络”调查研究会。韩国信息通信部制订了信息技术“839”战略，其中“3”是指 IT 产业的 3 大基础设施，即宽带融合网络、泛在传感器网络、下一代互联网协议。企业界中，欧盟的 Philips、Siemens、Ericsson、ZMD、France Telecom 、Chipcon 等公司，日本的 NEC、OKI、SKYLEYNETWORKS、世康、欧姆龙等公司都开展了 WSN 的研究。

1.5.2 国内状况

WSN 的国内研究首次正式启动出现于 1999 年中国科学院《知识创新工程点领域方向研究》的“信息与自动化领域研究报告”中，是该领域的 5 大重点项目之一。2001 年中国科学院依托上海微系统所成立微系统研究与发展中心，旨在引领中科院 WSN 的相关工作。中科院微系统所在 1996—1997 年开始"微信息系统多跳网络"研究，1998 年中科院江绵恒副院长去国外考察，发现"微信息系统多跳网络"与国外研究的无线传感网络很接近，所以中科院微系统所将"微信息系统多跳网络"系统改名为传感器网络。2004 年，中科院微系统所传感器网络在军方进行演示验证。国家自然科学基金审批了 WSN 相关的一个重点课题和多项课题，2004 年将一项无线传感器网络项目(面上传感器网络的分布自治系统关键技术及协调控制理论)列为重点研究项目，2005 年将网络传感器中的基础理论和关键技术列入计划，2006 年将水下移动传感器网络的关键技术列为重点研究。国家发改委下一代互联网示范工程中，也部署了 WSN 相关的课题。在一份我国未来 20 年预见技术的调查报告中，信息领域 157 项技术课题中有 7 项与传感器网络直接相关。2006 年初发布的《国家中长期科学与技术发展规划纲要》为信息技术定义了 3 个前沿方向，其中 2 个与 WSN 的研究直接相关，即智能感知技术和自组织网络技术。2008 年以来，重大专项三对无线传感器网络进行了重点支持。重大专项三计划在"十一五"期间完成了短距离、无线传感器网络及与无线移动网络互联的关键技术和产品研发，重点研究信息汇聚传感器网络的关键技术和设备研制，兼顾向协同感知传感器网络的演进过渡技术。在 2008 年和 2009 年，已安排传感器网络总体研究、标准化研究、协同体系架构等关键技术、低功耗设备、中高速设备、低功耗芯片、传感器网络与移动网结合技术以及 M2M 应用验证等的研发。2010 年项目的总体目标是在项目前期设置的设备研制等课题的基础上，支持具有广阔市场前景、切合国家经济与安全重大需求、带动产业和技术发展的系统研发与应用验证。我国 2010 年远景规划和"十五"计划中，将 WSN 列为重点发展的产业之一。2010 年设置了应用中间件关键技术研发、传感器网络电磁频谱监测关键技术和中高速芯片研制等课题，以及民用机场周界防入侵传感网、面向电网的高压输电线传输效率和安全传感网、太湖蓝藻爆发监测传感网、面向地质灾害监测预警的传感器网等研发与应用验证课题。应用示范课题将解决民用机场周界应对非法入侵的安防手段薄弱、电力传输效率较低以及检测人为破坏和自然破坏手段匮乏等实际问题，将为传感器网络的"共性平台+应用子集"体系结构提供技术验证，促进 TD-SCDMA 网络与传感器网络的结合应用，同时通过在相关领域的应用推广及规模产业推进，为我国在安全、电力、环保等领域带来显著的经济效益和社会效益。

此外，国内在无线传感器网络领域的研究也已经在很多研究所和高校展开。中科院上海微系统所凭借其在微系统和微型机电系统技术方面良好的基础，自 1998 年就对无线传感器网络进行了跟踪和研究，目前已经通过系统集成的方式完成了一些终端节点和基站的研发。中科院电子所和沈阳自动化所也分别从传感器技术和控制技术角度入手开展工作，专注于传感或控制执行部分，对上层的通信技术和核心微处理器部分涉及较少。浙江大学现代控制工程研究所成立了"无线传感器网络控制实验室"，联合相关单位专门从事面向传感器网络的分布自治系统关键技术及协调控制理论方面的研究。山东省科学院于 2004 年 10 月正式启动了关于无线传感器网络节点操作系统的研究。另外，中科院软件所、中科院自动化所、国防科技大学、清华大学、中国科学技术大学、哈尔滨工业大学、北京邮电大学、山东大学、东南大学等单位在无线传感器网络方面也都有一定的工作。

第 2 章 WSN 的通信标准

2.1 IEEE 802.15.4 标准

随着互联网的普及，Internet 对人们生活方式的影响越来越巨大，并将继续在未来的各领域发挥其影响力，集成了网络技术、嵌入式技术、微机电系统(MEMS)及传感器技术的无线传感器网络将 Internet 从虚拟世界延伸到物理世界，从而将逻辑上的信息世界与真实物理世界融合在一起，改变了人与自然交互的方式，满足了人们对“无处不在”的网络的需求。2000 年 12 月 IEEE 成立了 IEEE 802.15.4 工作组，致力于定义一种廉价、固定、便捷或移动设备使用的，复杂度、成本和功耗极低的低速率无线连接技术，产品的方便灵活，易于连接、实用可靠及可继承是市场的驱动力，一般认为短距离的无线低功耗通信技术最适合传感器网络使用，传感器网络是 IEEE 802.15.4 标准的主要市场对象。IEEE 802.15.4 是 IEEE 针对低速率无线个人区域网(Low-Rate Wireless Personal Area Networks, L-RWPAN)指定的无线通信标准。该标准把低能量消耗、低速率传输、低成本作为重点目标，旨在为个人或者家庭内不同设备之间低速率无线互联提供统一标准。该标准定义的 L-RWPAN 网络的特征与无线传感器网络有很多相似之处，很多研究机构也把它作为无线传感器网络的通信标准。

IEEE 802.15.4 网络协议栈基于开放系统互连模型(OSI)，每一层都实现一部分通信功能，并向高层提供服务。IEEE 802.15.4 标准只定义了 PHY 层和数据链路层的 MAC 子层。PHY 层由射频收发器以及底层的控制模块构成。MAC 子层为高层访问物理信道提供点到点通信的服务接口。MAC 子层以上的几个层次，包括特定服务的聚合子层(Service Specific Convergence Sublayer, SSCS)、链路控制子层(Logical Link Control, LLC)等，只是 IEEE 802.15.4 标准可能的上层协议，并不在 IEEE 802.15.4 标准的定义范围之内。SSCS 为 IEEE 802.15.4 的 MAC 层接入 IEEE 802.2 标准中定义的 LLC 子层提供聚合服务。LLC 子层可以使用 SSCS 的服务接口访问 IEEE 802.15.4 网络，为应用层提供链路层服务。下面详细介绍 IEEE 802.15.4 的主要特点。

(1)工作频段和数据速率

IEEE 802.15.4 工作在工业科学医疗频段，它定义了两种物理层：2.4 GHz 频段和 868/915 MHz 频段。2 种物理层都基于直接序列扩频(Direct Sequence Spread Spectrum, DSSS)，使用相同的物理层数据包格式，区别在于工作频率、调制技术、扩频码片长度和传输速率。在 IEEE 802.15.4 中，总共分配了 27 个具有 3 种速率的信道：2.4 GHz 频段有 16 个速率为 250 kbps 的信道；915 MHz 频段有 10 个 40 kbps 的信道；868 MHz 频段有 1 个 20 kbps 的信道。2.4 GHz 的物理层通过采用高阶调制技术，有助于获得更高的吞吐量、更小的通信时延和更短的工作周期，从而更加省电。由于 868 MHz 和 915 MHz 这两个频段上无线信号传播损耗较小，因此可以降低对接收机灵敏度的要求，获得较远的有效通信距离，从而用较少的设备覆盖给定的区域。

(2)支持简单器件

IEEE 802.15.4 低速率、低功耗和短距离传输的特点使它非常适合支持简单器件。在 IEEE 802.15.4 中定义了 14 个物理层基本参数和 35 个媒介接入控制层基本参数，仅为蓝牙的 1/3，这使它非常适用于存储能力和计算能力有限的简单器件。在 IEEE 802.15.4 中定义了两种器件：全功能器件和简化功能器件。对于全功能器件，要求它支持所有的 49 个参数，而对简化功能器件，在最小配置时只要求它支持 38 个基木参数。一个全功能器件可以与简化功能器件和其他全功能器件通话，按 3 种方式工作：个人域网协调器、协调器或器件。而简化功能器件只能与全功能器件通话，仅用于非常简单的应用。

(3)信标方式和超帧结构

IEEE 802.15.4 网络可以工作于信标使能方式或非信标使能方式。在信标使能方式中，协调器不定期地广播信标，用于达到相关器件同步等目的。在非信标使能方式中，协调器不定期广播信标，而在器件请求信标时向它单播信标。在信标使能方式中使用超帧结构，超帧结构的格式由协调器来定义，一般包括工作部分和任选的不工作部分。

(4)数据传输和低功率

在 IEEE 802.15.4 中，有 3 种不同的数据转移：从器件到协调器；从协调器到器件；在对等网络中从一方到另一方。为了突出低功耗的特点，可把数据传输分为以下 3 种方式：(1)直接数据传输。直接数据传输适用于以上所有 3 种数据转移。采用载波侦听多址接入冲突避免(CSMA-CA)机制或基于时隙的 CSMA-CA 机制，由使用非信标使能方式还是信标帧使能方式而定。(2)间接数据传输。间接数据传输仅适用于从协调器到器件的数据转移。在这种方式中，数据帧由协调器保存在事务处理列表中，等待相应的器件来提取。通过检查来自协调器的信标帧，器件就能发现在事务处理列表中是否包含一个属于它的数据分组。有时，在非信标帧方式中也可能发生间接数据传输。在数据提取过程中也使用非时隙的 CSMA-CA 或时隙的 CSMA-CA。(3)有保证时隙(GTS)数据传输。GTS 数据传输仅适用于器件与其协调器之间的数据转移，既可以从器件到协调器，也可以从协调器到器件。在 GTS 数据传输中不需要载波侦听。低功耗是 IEEE 802.15.4 最重要的特点。因为对电池供电的简单器件而言，更换电池花费相对于器件本身的成本来说太高。在有些应用如嵌在汽车轮胎中的气压传感器或高密度布设的大规模传感器网络中，更换电池不仅麻烦，而且实际上是不可行的。所以在 IEEE 802.15.4 的数据传输过程中引入了几种延长器件电池寿命或节省功率的机制，多数是基于信标使能的方式，主要是限制器件或协调器之收发信机的开通时间，或者在无数据传输时使它们处于休眠状态。

(5)安全性

安全性是 IEEE 802.15.4 的另一个重要问题。为了提供灵活性和支持简单器件，IEEE 802.15.4 在数据传输中提供了三级安全机制。第一级实际是无安全性方式，对于某些应用，如果安全性不重要或者上层已经提供足够的安全保护，器件就可以选择这种方式来转移数据。对于第二级安全性，器件可以使用接入控制清单来防止非法器件获取数据，在这一级不采取加密措施。第三级安全性在数据转移中采用属于高级加密标准(AES)的对称密码。AES 可以用来保护数据净荷和防止攻击者冒充合法器件，但它不能防止攻击者在通信双方交换密钥时通过窃听来截取对称密钥。为了防止这种攻击，可以采用公钥加密。

(6)自配置

IEEE 802.15.4 在媒介接入控制层中加入了关联和分离的功能，以达到支持自配置的目的。自配置不仅能自动建立起一个星型网，而且还允许创建自配置的对等网。在关联过程中可以实现各种配置，例如为个人域网选择信道和识别符(ID)，为器件指配 16 位短地址，设定电池寿命延长选项等。

2.1.1 物理层规范(PHY)

物理层定义了物理无线信道和 MAC 子层之间的接口，提供物理层数据服务和物理层管理服务。物理层数据服务从无线物理信道上收发数据，物理层管理服务维护一个由物理层相关数据组成的数据库。

(1)物理层的载波调制

PHY 层定义了 3 个载波频段用于收发数据。这 3 个频段在发送数据使用的速率、信号处理过程以及调制方式等方面存在一些差异。3 个频段总共提供了 27 个信道：868 MHz 频段 1 个信道，915 MHz 频段 10 个信道，2 450 MHz 频段 16 个信道。在 868 MHz 和 915 MHz 这两个频段上，信号处理过程相同，只是数据速率不同。处理过程，首先将物理层协议数据单元(PHY Protocol Data Unit，PPDU)的二进制数据差分编码，然后再将差分编码后的每一个位转换成长度为 15 的片序列，最后 BPSK 调制到信道上。

差分编码是将数据的每一个原始比特与前一个差分编码生成的比特进行异或运算：$En=Rn\oplus En-1$，其中 En 是差分编码的结果，Rn 为要编码的原始比特，En－1 是上一次差分编码的结果。对于每个发送的数据包，R1 是第一个原始比特，计算 E1 时假定 $E0=0$。差分解码过程与编码过程类似：$Rn=En\oplus En-1$，对于每个接收到的数据包，E1 是第一个需要解码的比特，计算 R1 时假定 $E0=0$。差分编码以后，接下来就是直接序列扩频。每一个比特被转换成长度为 15 的片序列。扩频过程按表 2.1 进行，扩频后的序列使用 BPSK 调制方式调制到载波上。

表 2.1 扩频编码表

Data symbol (decimal)	Data symbol (binary) (b0,b1,b2,b3)	Chip values (c0c1…c30c31)
0	0000	11011001110000110101001000101110
1	1000	11101101100111000011010100100010
2	0100	00101110110110011100001101010010
3	1100	00100010111011011001110000110101
4	0010	01010010001011101101100111000011
5	1010	00110101001000101110110110011100

续　表

Data symbol (decimal)	Data symbol (binary) (b0,b1,b2,b3)	Chip values (c0c1…c30c31)
6	0110	11000011010100100010111011011001
7	1110	10011100001101010010001011101101
8	0001	10001100100101100000011101111011
9	1001	10111000110010010110000001110111
10	0101	01111011100011001001011000000111
11	1101	01110111101110001100100101100000
12	0011	00000111011110111000110010010110
13	1011	01100000011101111011100011001001
14	0111	10010110000001110111101110001100
15	1111	11001001011000000111011110111000

(2)2.4 GHz 频段的处理过程

首先将 PPDU 的二进制数据中每 4 位转换为一个符号，然后将每个符号转换成长度为 32 的片序列。在把符号转换片序列时，用符号在 16 个近似正交的伪随便噪声序列的映射表，这是一个直接序列扩频的过程。扩频后，信号通过 O-QPSK 调制方式调制到载波上。

(3)物理层的帧结构

物理帧第一个字段是 4 个字节的前导码，收发器在接收前导码期间，会根据前导码序列的特征完成片同步和符号同步。帧起始分隔符(Start-of-Delimiter, SFD)字段长度为 1 个字节，其值固定为 0xA7，标识一个物理帧的开始。收发器接收完前导码后只能做到数据的位同步，通过搜索 SFD 字段的值 0xA7 才能同步到字节上。帧长度由 1 个字节的低 7 位表示，其值就是物理帧负载的长度，因此物理帧负载的长度不会超过 127 个字节。物理帧的负载长度可变，称之为物理服务数据单元(PHY Service Data Unit, PSDU)，一般用来承载 MAC 帧。

(4)主要功能与参数

物理层数据服务包括以下 5 方面的功能：

1)激活和休眠射频收发器；

2)信道能量检测；

3)检测接收数据包的链路质量指示(Link Quality Indication, LQI)；

4)空闲信道评估(Clear Channel Assessment, CCA)；

5)收发数据。

如图 2.1 所示，其中 RF-SAP 是由驱动程序提供的接口，而 PD-SAP 是 PHY 层提供给 MAC 层的数据服务接口，PLME-SAP 是 PHY 层、MAC 层提供的管理服务接口。物理层主要完成：激活/休眠无线收发设备，对当前频道进行能量检测，链路质量指示，为载波检测多址接入冲突避免(CSMA-CA)进行空闲信道评估、频道选择、数据的发送和接收等。

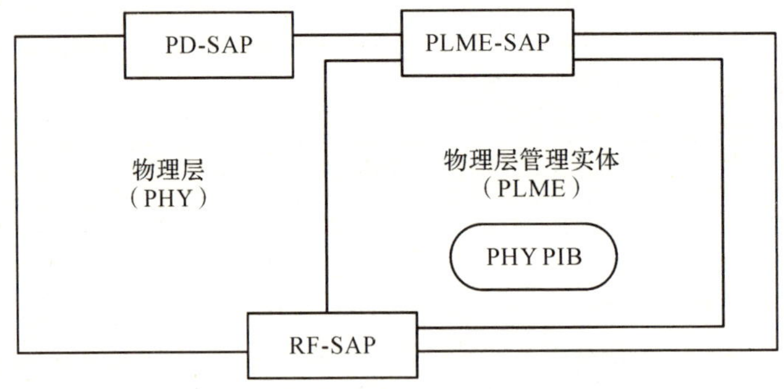

图 2.1 PHY 模型

信道能量检测为网络层提供信道选择依据。它主要测量目标信道中接收信号的功率强度，由于这个检测本身不进行解码操作，所以检测结果是有效信号功率和噪声信号功率之和。链路质量指示为网络层或应用层提供接收数据帧时无线信号的强度和质量信息，与信道能量检测不同的是，它要对信号进行解码，生成的是一个信噪比指标，再将这个信噪比指标和物理层数据单元一道提交给上层处理。空闲信道评估判断信道是否空闲。IEEE 802.15.4 定义了 3 种空闲信道评估模式：第一种简单判断信道的信号能量，当信号能量低于某一门限值就认为信道空闲；第二种是通过判断无线信号的特征，这个特征主要包括两方面，即扩频信号特征和载波频率；第三种模式是前两种模式的综合，同时检测信号强度和信号特征，给出信道空闲判断。

(5)调频与扩频

如图 2.2 所示了 2.4 GHz 物理层调制及扩频功能模块。

图 2.2 2.4 GHz 物理层调制及扩频功能模块

2.4 GHz 物理层将数据(PPDU)每字节的第 4 位与高 4 位分别映射组成数据符号，每种数据符号又被映射成 32 位伪随机码序列，如表 2.2 所示。数据码片序列采用半正弦脉冲形的偏移四相移相键控技术(O-QPSK)调制。对偶数序列码片进行同相调制，而对奇数序列码片进行正交调制。

表 2.2 数据符号—数据码片映射表

数据符号(十进制)	数据符号(二进制)	数据码片
0	0000	11011001110000110101001000101110
1	0001	11101101100111000011010100100010
2	0010	00101110110110011100001101010010
3	0011	00100010111011011001110000110101
4	0100	01010010001011101101100111000011
5	0101	00110101001000101110110110011100
6	0110	11000011010100100010111011011001

续　表

数据符号(十进制)	数据符号(二进制)	数据码片
7	0111	10011100001101010010001011101101
8	1000	10001100100101100000011101111011
9	1001	10111000110010010110000001110111
10	1010	01111011100011001001011000000111
11	1011	01110111101110001100100101100000
12	1100	00000111011110111000110010010110
13	1101	01100000011101111011100011001001
14	1110	10010110000001110111101110001100
15	1111	11001001011000000111011110111000

如图 2.3 所示了 868/915 MHz 物理层调制与扩频功能模块。868/915 MHz 物理层先将 PPDU 二进制数据进行差分编码，差分编码是将当前数据位于前一编码位以模为 2 异或而成。经编码的数据位又被映射成 15 位伪随机噪声数据码片，如表 2.3 所示。数据码片序列采用二相的相移键控技术调制。

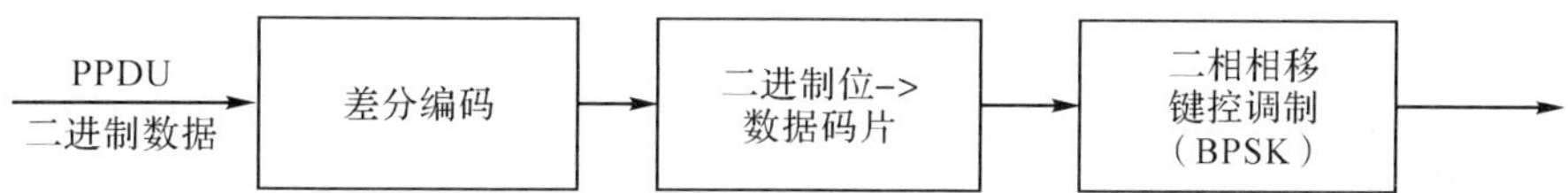

图 2.3　868/915 MHz 物理层调制与扩频功能模块

表 2.3　数据符号——数据码片映射表

输入值	数据码片
0	111101011001000
1	000001010011011 1

2.1.2 介质访问层规范(MAC)

在 IEEE 802 系列标准中，OSI 参考模型的数据链路层可进一步划分为 MAC 和 LLC 2 个子层。MAC 子层使用物理层提供的服务实现设备之间的数据帧传输，而 LLC 在 MAC 子层的基础上，在设备间提供面向连接和非连接的服务。

MAC 子层提供 2 种服务：MAC 层数据服务和 MAC 层管理服务(MAC Sublayer Management Entity, MSME)。前者保证 MAC 协议数据单元在物理层数据服务中的正确收发，后者维护一个存储 MAC 子层协议状态相关信息的数据库。

MAC 子层主要功能包括下面 6 个方面：

(1)协调器产生并发送信标帧，普通设备根据协调器的信标帧与协议器同步；

(2)支持 PAN 网络的关联和取消关联操作；

(3)支持无线信道通信安全；

(4)使用 CSMA-CA 机制访问信道；

(5)支持时槽保障(Guaranteed Time Slot, GTS)机制;

(6)支持不同设备的 MAC 层间可靠传输。

关联操作是指一个设备在加入一个特定网络时,向协调器注册以及身份认证的过程。LR-WPAN 网络中的设备有可能从一个网络切换到另一个网络,这时就需要进行关联和取消关联操作。时槽保障机制和时分复用(Time Division Multiple Access, TDMA)机制相似,但它可以动态地为有收发请求的设备分配时槽。使用时槽保障机制需要设备间的时间同步,IEEE 802.15.4 中的时间同步通过下面介绍的"超帧"机制实现。

(1)超帧

在 IEEE 802.15.4 中,可以以超帧为周期组织 LR-WPAN 网络内设备间的通信。每个超帧都以网络协调器发出信标帧为始,在这个信标帧中包含了超帧将持续的时间以及对这段时间的分配等信息。网络中普通设备接收到超帧开始时的信标帧后,就可以根据其中的内容安排自己的任务,例如进入休眠状态直到这个超帧结束。

超帧将通信时间划分为活跃和不活跃两个部分。在不活跃期间,PAN 网络中的设备不会相互通信,从而可以进入休眠状态以节省能量。超帧在活跃期间划分为 3 个阶段:信标帧发送时段、竞争访问时段(Contention Access Period, CAP)和非竞争访问时段(Contention-free Period, CEP)。超帧的活跃部分被划分为 16 个等长的时槽,每个时槽的长度、竞争访问时段包含的时槽数等参数,都由协调器设定,并通过超帧开始时发出的信标帧广播到整个网络。

在超帧的竞争访问时段,IEEE 802.15.4 网络设备使用带时槽的 CSMA-CA 访问机制,并且任何通信都必须在竞争访问时段结束前完成。在非竞争时段,协调器根据上一个超帧 PAN 网络中设备申请 GTS 的情况,将非竞争时段划分成若干个 GTS。每个 GTS 由若干个时槽组成,时槽数目在设备申请 GTS 时指定。如果申请成功,申请设备就拥有了它指定的时槽数目。每个 GTS 中的时槽都指定分配给了时槽申请设备,因而不需要竞争信道。IEEE 802.15.4 标准要求任何通信都必须在自己分配的 GTS 内完成。

超帧规定非竞争时段必须跟在竞争时段后面。竞争时段的功能包括网络设备可以自由收发数据,域内设备向协调者申请 GTS 时段,新设备加入当前 PAN 网络等。非竞争阶段由协调者指定的设备发送或者接收数据包。如果某个设备在非竞争时段一直处在接收状态,那么拥有 GTS 使用权的设备就可以在 GTS 阶段直接向该设备发送信息。如图 2.4 所示为无保证时隙的超帧结构。

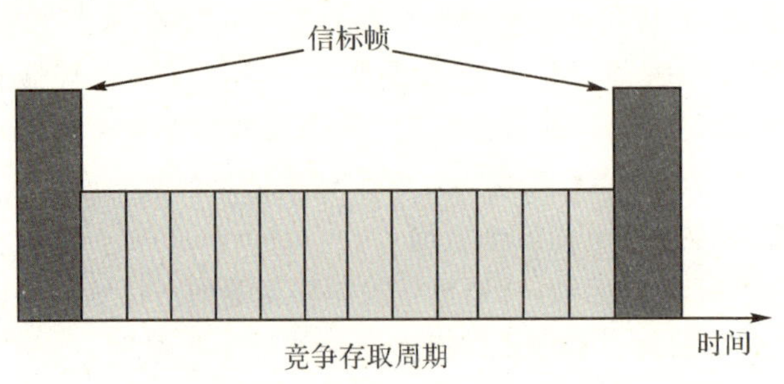

图 2.4 无保证时隙的超帧结构

(2)数据传输模型

LR-WPAN 网络中存在着 3 种数据传输方式:设备发送数据给协调器、协调器发送数据给设备、对等设备之间的数据传输。星型拓扑网络中只存在前两种数据传输方式,因为数据只在协调器和设备之间交换;而在点对点拓扑网络中,3 种数据传输方式都存在。数据传输到协调器和数据从协调器传出的流程图分别如图 2.5、2.6 所示。

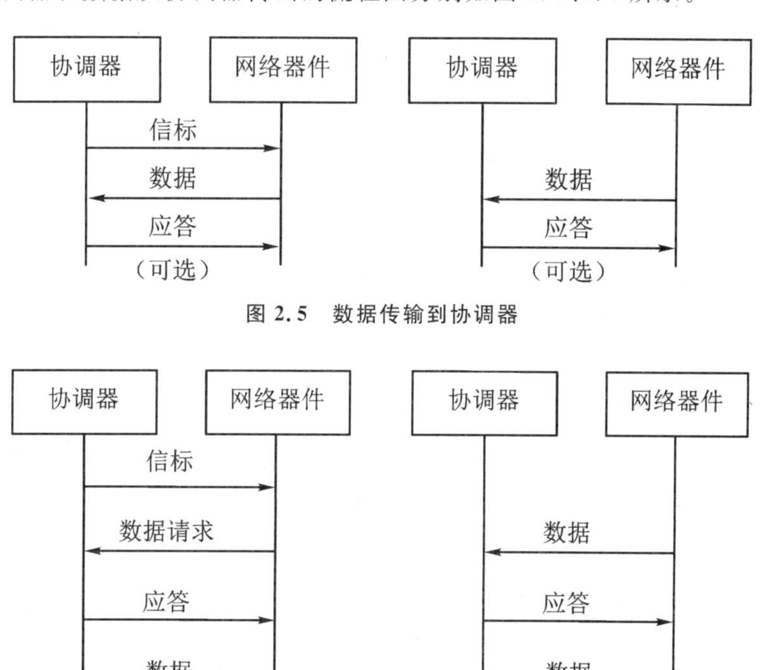

图 2.5　数据传输到协调器

图 2.6　数据从协调器传出

LR-WPAN 网络中,有 2 种通信模式可供选择:信标使能通信和信标不使能通信。在信标使能的网络中,PAN 网络协调器定时广播标帧,信标帧表示超帧的开始。设备之间通信使用基于时槽的 CSMA-CA 信道访问机制,PAN 网络中的设备都通过协调器发送的信标帧进行同步。在时槽 CSMA-CA 机制下,每当设备需要发送数据帧或命令帧时,它会首先定位下一个时槽的边界,然后等待随机数目个时槽。等待完毕后,设备开始检测信道状态:如果信道忙,设备需要重新等待随机数目个时槽,再检查信道状态,重复这个过程直到有空闲信道出现。在这种机制下,确认帧的发送不需要使用 CSMA-CA 机制,而是紧跟着接收帧发送回源设备。在信标不使能的通信网络中,PAN 网络协调器不发送信标帧,各个设备使用非分时槽的 CSMA-CA 机制访问信道。该机制的通信过程如下:每当设备需要发送数据或者发送 MAC 命令时,它需首先等候一段随机长的时间,然后开始检测信道状态:如果信道空闲,该设备立即开始发送数据;如果信道忙,设备需要重复上面的等待一段随机时间和检测信道状态的过程,直到能够发送数据。在设备接收到数据帧或命令帧而需要回应确认帧的时候，确认帧应紧跟着接收帧发送，而不使用 CSMA-CA 机制竞争信道。

(3)MAC 层帧结构

MAC 层帧结构的设计目标是用最低复杂度实现在多噪声无线信道环境下的可靠数据传输。每个 MAC 子层的帧都由帧头、负载和帧尾 3 部分组成。帧头由帧控制信息、帧序列号和地址信息组成。MAC 子层负载具有可变长度，具体内容由帧类型决定。帧尾是帧头和负载数据的 16 位 CRC 校验序列。

在 MAC 子层中的设备地址有 2 种格式：16 位(两个字节)的短地址和 64 位(8 个字节)的扩展地址。16 位短地址是设备与 PAN 网络协调器关联时，由协调器分配的网内局部地址；64 位扩展地址是全球唯一地址，在设备进入网络之前就分配好了。16 位短地址只能保证在 PAN 网络内部是唯一的，所以在使用 16 位短地址通信时需要结合 16 位的 PAN 网络标识符才有意义。两种地址类型的地址信息的长度是不同的，从而导致 MAC 帧头的长度也是可变的。一个数据帧使用哪种地址类型由帧控制字段的内容指示。在帧结构中没有表示帧长度的字段，这是因为在物理层的帧里面有表示 MAC 帧长度的字段，MAC 负载长度可以通过物理层帧长和 MAC 帧头的长度计算出来。

IEEE 802.15.4 网络共定义了 4 种类型的帧：信标帧、数据帧、确认帧和 MAC 命令帧。

1)信标帧

信标帧的负载数据单元由 4 部分组成：超帧描述字段、GTS 分配字段、待转发数据目标地址字段和信标帧负载数据。如图 2.7 所示。

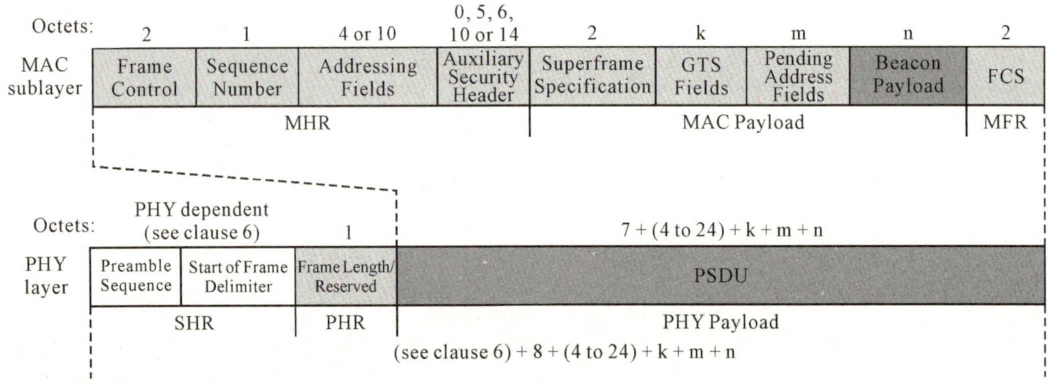

图 2.7 信标帧

①信标帧中超帧描述字段规定了这个超帧的持续时间、活跃部分持续时间以及竞争访问时段持续时间等信息。

②GTS 分配字段交无竞争时段划分为若干个 GTS，并把每个 GTS 具体分配给了某个设备。

③待转发数据目标地址列出了与协调者保存的数据相对应的设备地址。一个设备如果发现自己的地址出现在待转发数据目标地址字段里，则意味着协调器存有属于它的数据，所以它就会向协调器发出请求传送数据的 MAC 命令帧。

④信标帧负载数据为上层协议提供的数据传输接口。例如在使用安全机制的时候，这个负载域将根据被通信设备设定的安全通信协议填入相应的信息。通常情况下，这个

字段可以忽略。

在信标不使能网络里，协调器在其他设备的请求下也会发送信标帧。此时信标帧的功能是辅助协调器向设备传输数据，整个帧只有待转发数据目标地址字段有意义。

2）数据帧

数据帧用来传输上层发到 MAC 子层的数据，它的负载字段包含了上层需要传送的数据。数据负载传送至 MAC 子层时，被称为 MAC 服务数据单元。它的首尾被分别附加了 MHR 头信息和 MFR 尾信息后，就构成了 MAC 帧。MAC 帧传送至物理层后，就成为了物理帧的负载 PSDU。PSDU 在物理层被“包装”，其首部增加了同步信息 SHR 和帧长度字段 PHR 字段。同步信息 SHR 包括用于同步的前导码和 SFD 字段，它们都是固定值。帧长度字段的 PHR 标识了 MAC 帧的长度为一个字节长，而且只有其中的低 7 位有效位，所以 MAC 帧的长度不会超过 127 个字节。如图 2.8 所示。

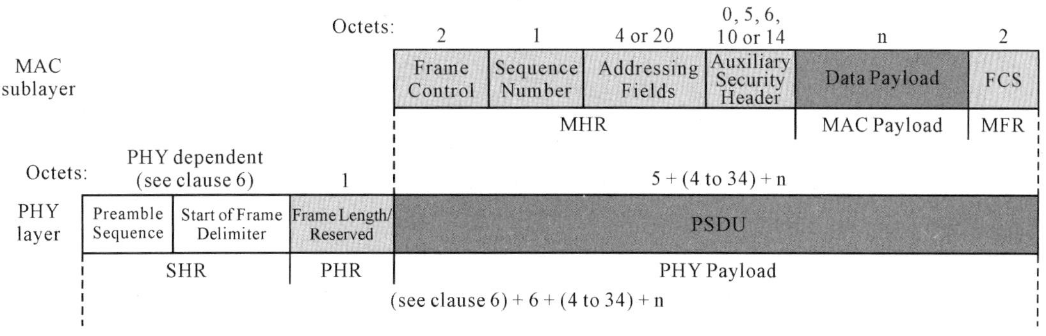

图 2.8　数据帧

3）确认帧

如果设备收到目的地址为其自身的数据帧或 MAC 命令帧，并且帧的控制信息字段的确认请求位被置 1，设备需要回应一个确认帧。确认帧的序列号应该与被确认帧的序列号相同，并且负载长度应该为零。确认帧紧接着被确认帧发送，不需要使用 CSMA-CA 机制竞争信道。如图 2.9 所示。

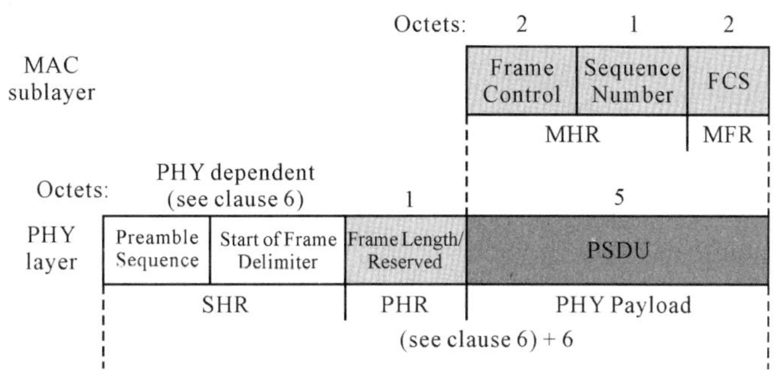

图 2.9　确认帧

4）命令帧

MAC 命令帧用于组建 PAN 网络，传输同步数据等。目前定义好的命令帧有三种类型，主要完成三方面的功能：把设备关联到 PAN 网络，与协调器交换数据，分配

GTS。命令帧在格式上和其他类型的帧没有太多的区别，只是帧控制字段的帧类型位有所不同。帧头的帧控制字段的帧类型为011B(B表示二进制数据)，表示这是一个命令帧。命令帧的具体功能由帧的负载数据表示。负载数据是一个变长结构，所有命令帧负载的第一个字节是命令类型字节，后面的数据针对不同的命令类型有不同的含义。如图2.10所示。

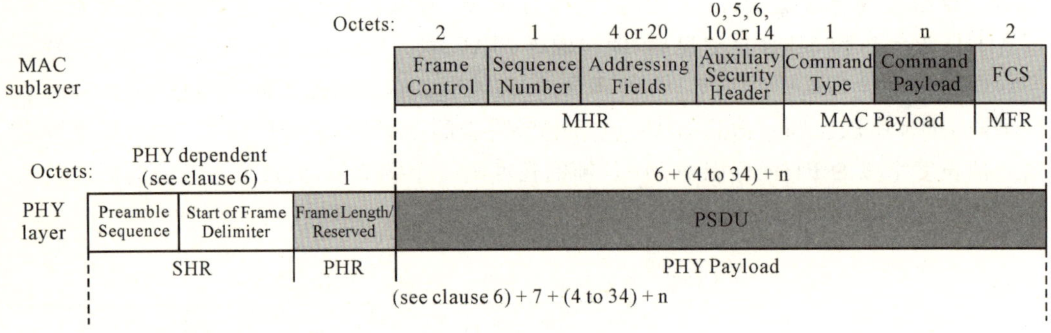

图 2.10 命令帧

2.1.3 关键术语介绍

(1)通信原语

在分层的通信协议中，层与层之间是通过服务接入点(Service Access Point，SAP)相连接的。每一层都可以通过本层与下一层的SAP调用下层所提供的服务，同时通过与上层的SAP为上层提供相应的服务。SAP是层与层之间的唯一接口，而具体的服务是以通信原语的形式供上层调用的。在调用下层服务时，只需要遵循统一的原语规范，并不需要去了解如何处理原理。这样就做到了数据层与层之间的透明传输。层与层之间的通信原语可分为4种，它们之间的关系如图2.11所示。

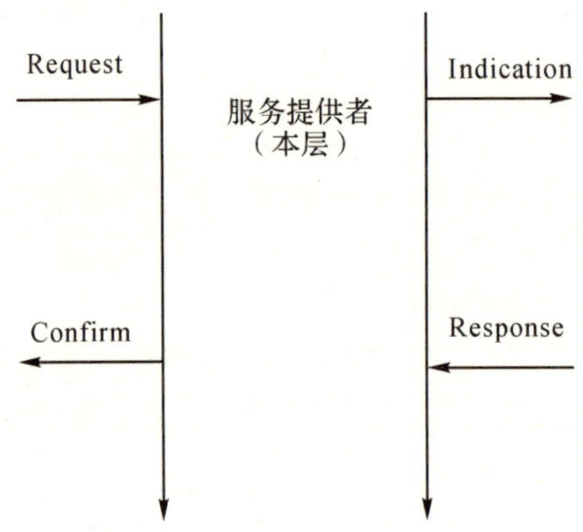

图 2.11 层与层之间的通信原语

1)Request：请求原语用于上层向本层请求指定的服务。

2)Confirm：确认原语本层用于响应上层发出的请求原语。

3)Indication：指示原语由本层发给上层用来指示本层的某一内部事件。

4)Response:响应原语用于上层响应本层发出的指示原语。本文中原语遵循了“SAP名称—原语功能.原语类型”的书写规则,如:“MLME-ASSOCIATE. request”表示MLME-SAP 上提供的关联请求原语。

物理层中,存在数据服务接入点和物理层实体服务接入点,通过这两个服务接入点提供的 2 种服务:一种是物理层数据服务接入点(PD-SAP)为物理层数据提供服务;另一种是通过物理层管理实体(PLME)服务接入点(PLME-SAP)为物理层管理提供服务。

物理层数据服务支持如下原语:

1)物理层数据请求原语 PD-DATA. request;

2)物理层数据确认原语 PD-DATA. confirm;

3)物理层数据指示原语 PD-DATA. indication。

物理层管理服务支持如下原语:

1)请求清洁信道评估原语 PLME-CCA. request;

2)清洁信道估计的确认原语 PLEME-CCA. confirm;

3)能量检测请求原语 PLME-ED. request;

4)能量检测确认原语 PLME-ED. confirm;

5)属性请求原语 PLME-GET. request;

6)属性确认原语 PLME-GET. confirm;

7)设置设备收发状态请求原语-31-PLME-SET-TRX-STATE. request;

8)设置设备收发状态确认原语 PLME-SET-TRX-STATE. confirm;

9)PIB 属性设置请求原语 PLME-SET. request;

10)PIB 属性设置确认原语 PLME-SET. confirm。

(2)数据单元

IEEE 802. 15. 4 标准包含 2 种数据单元:协议数据单元(Protocol Sata Unit,PDU)和服务数据单元(Service Data Unit,SDU)。

协议数据单元就是在不同节点的各层对等实体之间,为实现该层协议所交换的信息单元。通常将第 N 层的数据单元记为 NPDU。它由两部分组成,即本单元的用户数据和本层的协议控制信息。从上层用户的角度来看,它并不关心下面的 PDU,实际上也看不见 PDU 的大小。上层用户关心的是:第 N 层实体为了完成该用户的请求,需要传输多大的数据单元。这种数据单元称为服务数据单元,也可以说是第 N 层的数据净荷。

2.2　ZigBee 协议

ZigBee 协议适应无线传感器的低花费、低能量、高容错性等要求。Zigbee 的基础是 IEEE 802. 15. 4。但 IEEE 仅处理低级 MAC 层和物理层协议,因此 Zigbee 联盟扩展了 IEEE,对其网络层协议和 API 进行了标准化。Zigbee 是一种新兴的短距离、低速率的无线网络技术,主要用于近距离无线连接。它有自己的协议标准,在数千个微小的传感器之间相互协调实现通信。

ZigBee 网络主要特点是低功耗、低成本、低速率、支持大量节点、支持多种网络拓扑、低复杂度、快速、可靠、安全。

ZigBee 技术的主要特征如表 2.4 所示。

表 2.4　ZigBee 技术的主要特征

特　性	取　　值
数据速率	868 MHz:20 kbit/s;915 MHz:40 kbit/s;2.4 kbit/s;2.4 GHz:250 kbit/s
通信范围	10～20 m
通信时延	≥15 ms
信道数	868/915 MHz:11;2.4 GHz:16
频段	868/915 MHz 和 2.4 GHz
寻址方式	64 bit IEEE 地址,8 bit 网络地址
信道接入	CSMA/CA 和时隙化的 CSMA/CA
温度	−40～85℃

(1)低功耗。在低耗电待机模式下,2 节 5 号干电池可支持 1 个节点工作 6～24 个月,甚至更长,这是 ZigBee 的突出优势。相比较,蓝牙能工作数周、WiFi 可工作数小时。TI 公司和德国的 Micropelt 公司共同推出新能源的 ZigBee 节点。该节点采用 Micropelt 公司的热电发电机给 TI 公司的 ZigBee 提供电源。

(2)低成本。通过大幅简化协议(不到蓝牙的 1/10),降低了对通信控制器的要求,按预测分析,以 8051 的 8 位微控制器测算,全功能的主节点需要 32 KB 代码,子功能节点少至 4 KB 代码,而且 ZigBee 免协议专利费。每块芯片的价格大约为 2 美元。

(3)低速率。ZigBee 工作在 20～250 kbps 的速率,分别提供 250 kbps(2.4 GHz)、40 kbps(915 MHz)和 20 kbps(868 MHz)的原始数据吞吐率,满足低速率传输数据的应用需求。

(4)近距离。传输范围一般介于 10～100 m 之间,在增加发射功率后,亦可增加到 1～3 km,这指的是相邻节点间的距离。如果通过路由和节点间通信的接力,传输距离将可以更远。

(5)短时延。ZigBee 的响应速度较快,一般从睡眠转入工作状态只需 15 ms,节点连接进入网络只需 30 ms,进一步节省了电能。相比较,蓝牙需要 3～10 s,WiFi 需要 3 s。

(6)高容量。ZigBee 可采用星状、片状和网状网络结构,由一个主节点管理若干子节点,最多一个主节点可管理 254 个子节点;同时主节点还可由上一层网络节点管理,最多可组成 6.5 万个节点的大网。

(7)高安全。ZigBee 提供了三级安全模式,包括无安全设定、使用访问控制清单(Access Control List, ACL)防止非法获取数据以及采用高级加密标准(AES 128)的对称密码,以灵活确定其安全属性。

(8)免执照频段。使用工业科学医疗(ISM)频段,915 MHz(美国),868 MHz(欧洲),2.4 GHz(全球)。

2.2.1 ZigBee 的协议栈

ZigBee 的协议栈类似计算机网络中的 ISO 模型，ZigBee 协议栈的实现也采用了分层的思想。由底层到高层依次是：物理层、介质访问层、网络层和应用层（而应用层要可分为：应用程序支持子层、应用程序框架层和 ZDO 设备对象层）。具体如图 2.12 所示。

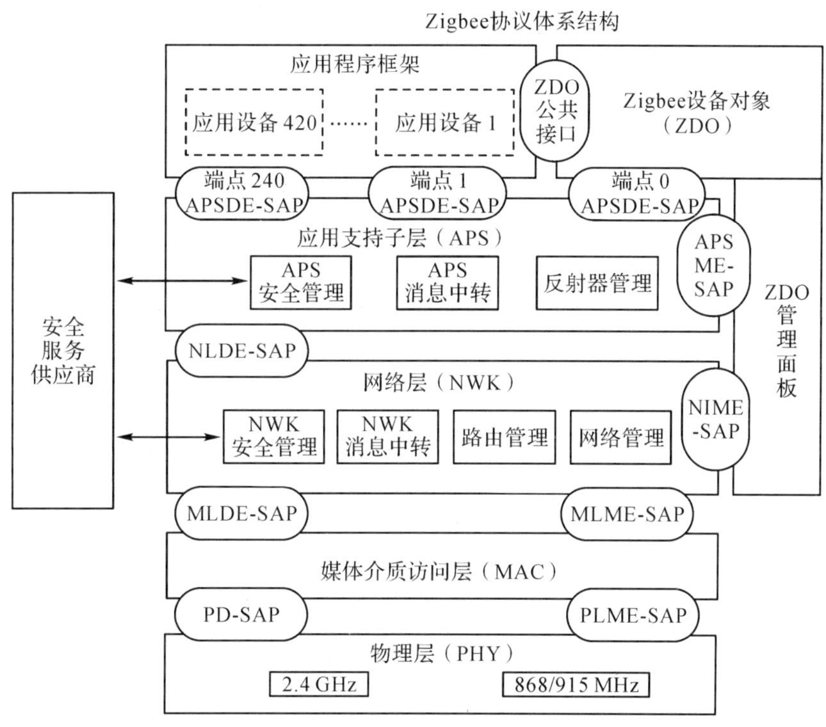

图 2.12　ZigBee 协议栈

ZigBee 协议栈的实现也采用了分层的思想，这种思想的好处在于上层实现的功能对于下层来说是不知道的，上层可以调用下层提供的函数来实现某些功能。因此，各层之间的数据传递是通过服务接入点来实现的。而服务接入点主要 2 种类型：一种是数据传输服务接入点；另一种是管理的服务接入点。

（1）物理层（PHY）

物理层负责将数据通过发射天线发送出去以及从天线接收数据。IEEE 802.15.4 协议的物理层是协议的最底层，承担着和外界直接作用的任务。它采用扩频通信的调制方式，控制 RF 收发器工作，信号传输距离约为 50 m（室内）或 150 m（室外）。

IEEE 802.15.4 有 2 个 PHY 层，提供 2 个独立的频率段：868/915 MHz 和 2.4 GHz。868/915 MHz 频段包括欧洲使用的 868 MHz 频段以及美国和澳大利亚使用的 915 MHz 频段，2.4 GHz 频段世界通用。ZigBee 的无线信道如表 2.5 所示信息确定。从中可以得出 ZigBee 使用的 3 个频段定义了 27 个物理信道，其中 868 MHz 频段定义了 1 个信道；915 MHz 频段附近定义了 10 个信道，信道间隔为 2 MHz；2.4 GHz 频段定义了 16 个信道，信道间隔为 5 MHz，较大的信道间隔有助于简化收发滤波器的设计。

表 2.5　ZigBee 无线信道的组成

信道编号	中心频率(MHz)	信道间隔(MHz)	频率上限(MHz)	频率下限(MHz)
$k=0$	868.3		868.6	868.8
$k=1,2,\cdots,10$	$906+2(k-1)$	2	928.0	902.0
$k=11,12,\cdots,26$	$2\,405+5(k-11)$	5	2 483.5	2 400

如图 2.13 所示给出了物理层数据包的格式，ZigBee 物理层数据包由同步包头、物理层包头和净荷 3 部分组成。同步包头由前导码和数据包定界符组成，用于获取符号同步、扩频码同步和帧同步，也有助于粗略的频率调整。物理层包头指示净荷部分的长度，净荷部分含有 MAC 层数据包，净荷部分最大长度是 127 字节。

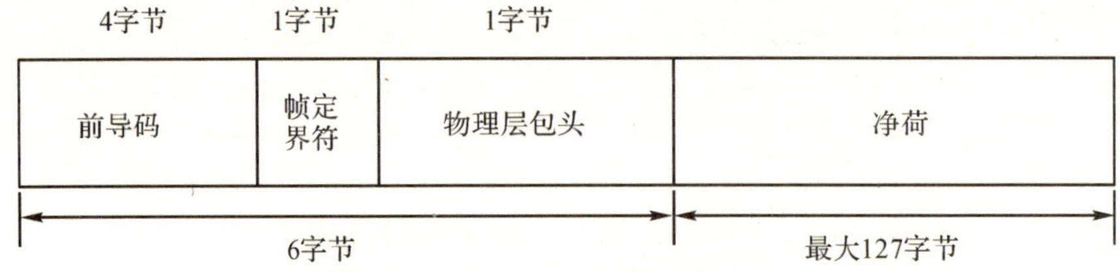

图 2.13　物理层数据包格式

(2)介质访问控制层(MAC)

介质访问控制层支持网络的发现、网络的形成，以及提供点对点通信的数据确认，但不支持多跳、网型网络。

MAC 层遵循 IEEE 802.15.4 协议，负责设备间无线数据链路的建立、维护和结束，确认模式的数据传送和接收，可选时隙，实现低延迟传输，支持各种网络拓扑结构，网络中每个设备为 16 位地址寻址。它可完成对无线物理信道的接入过程管理，包括以下几方面：网络协调器产生网络信标、网络中设备与网络信标同步、完成 PAN 的入网和脱离网络过程、网络安全控制、利用 CSMA/CA 机制进行信道接入控制、处理和维持 GTS(Guaranteed Time Slot)机制、在两个对等的 MAC 实体间提供可靠的链路连接。

MAC 规范定义了 3 种数据传输模型：数据从设备到网络协调器、从网络协调器到设备、点对点对等传输模型。对于每一种传输模型，又分为信标同步模型和无信标同步模型 2 种情况。在数据传输过程中，ZigBee 采用了 CSMA/CA 碰撞避免机制和完全确认的数据传输机制，保证了数据的可靠传输。同时为需要固定带宽的通信业务预留了专用时隙，避免了发送数据时的竞争和冲突。MAC 规范定义了 4 种帧结构：信标帧、数据帧、确认帧和 MAC 命令帧。

如图 2.14 所示给出了 MAC 子层数据包格式。MAC 子层数据包由 MAC 子层帧头(MHR：MAC Header)、MAC 子层业务数据单元(MSDU：MAC Service Data Unit)和 MAC 子层帧尾(MFR：MAC Footer)组成。MAC 子层帧头由 2 字节的帧控制域、1 字节的帧序号域和最多 20 字节的地址域组成。帧控制域指明了 MAC 帧的类型、地址域的格式以及是否需要接收方确认等控制信息；帧序号域包含了发送方对帧的顺序编号，用于匹配确认帧,实现 MAC 子层的可靠传输;地址域采用的寻址方式可以是 64 bit 的 IEEE MAC 地址或者 8 bit 的 ZigBee 网络地址。

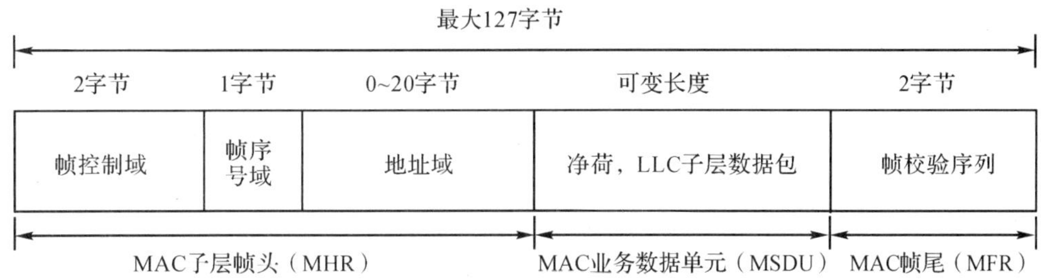

图 2.14　MAC 子层数据包格式

(3)网络层(NWK)

网络层的作用是建立新的网络、处理节点的进入和离开网络、根据网络类型设置节点的协议堆栈、使网络协调器对节点分配地址、保证节点之间的同步、提供网络的路由。网络层对网型网络提供支持(如:全网内发送广播包、单播数据包选择路由等功能)。此外也提供网络安全策略,用户也可以自己选择所需安全策略。

网络层能确保 MAC 子层的正确操作,并为应用层提供合适的服务接口。为了给应用层提供合适的接口,网络层用数据服务和管理服务这 2 个服务实体来提供必需的功能。网络层数据实体(NLDE)通过相关的服务接入点(SAP)来提供数据传输服务,即 NLDE. SAP;网络层管理实体(NLME)通过相关的服务接入点(SAP)来提供管理服务,即 NLME. SAP。NLME 利用 NLDE 来完成一些管理任务和维护管理对象的数据库,这通常称作网络信息库(Network Information Base,NIB)。

NLDE 提供数据服务,以允许一个应用在两个或多个设备之间传输应用协议数据(Application Protocol Data Units,APDU)。NLDE 提供以下服务类型:

1)通用的网络层协议数据单元(NPDU),NLDE 可以通过一个附加的协议头从应用支持子层 PDU 中产生 NPDU;

2)特定的拓扑路由,NLDE 能够传输 NPDU 给一个适当的设备。这个设备可以是最终的传输目的地,也可以是路由路径中通往目的地的下一个设备。

NLME 提供一个管理服务来允许一个应用和栈相连接。NLME 提供以下服务:

1)配置一个新设备,NLME 可以依据应用操作的要求配置栈。设备配置包括作为 zigBee 协调者的开始设备,或者加入一个存在的网络。

2)开始一个网络,NLME 可以建立一个新的网络。

3)加入或离开一个网络,NLME 可以加入或离开一个网络,使 ZigBee 的协调器和路由器能够让终端设备离开网络。

4)分配地址,使 ZigBee 的协调者和路由器可以分配地址给加入网络的设备。

5)邻接表(Neighbor)发现,发现、记录和报告设备的邻接表下一跳的相关信息。

6)路由的发现,可以通过网络来发现及记录传输路径,而信息也可被有效地路由。

7)接收控制,当接收者活跃时,NLME 可以控制接收时间的长短并使 MAC 子层能同步或直接接收。

网络层帧结构由网络头和网络负载区构成。网络头以固定的序列出现，但地址和序列区不可能被包括在所有帧中。

(4)应用层

应用程序支持子层：提供一些 API 函数。绑定表也存储在该层，还有该层中的设备对象 ZDO 运行在端口 0 的应用程序，提供一些网络管理的函数，主要对应用程序支持子层、网络层初始化和管理。应用层主要根据具体应用由用户开发。它能维持器件的功能属性，发现该器件工作空间中其他器件的工作，并根据服务和需求在多个器件之间进行通信。

ZigBee 的应用层由应用子层、设备对象(ZDO，包括 ZDO 管理平台)以及制造商定义的应用设备对象组成。APS 子层的作用包括维护绑定表(绑定表的作用是基于两个设备的服务和需要把它们绑定在一起)、在绑定设备间传输信息。ZDO 的作用包括在网络中定义一个设备的作用(如定义设备为协调者或为路由器或为终端设备)、发现网络中的设备并确定它们能提供何种服务、起始或回应绑定需求以及在网络设备中建立一个安全的连接。

1)应用支持子层

应用支持子层在网络层和应用层之间提供了一个接口，接口的提供是通过 ZDO 和制造商定义的应用设备共同使用的一套通用的服务机制，此服务机制是由两个实体提供：通过 APS 数据实体接入点(APSDE. SAP)的 APS 数据实体(APSDE)，通过 APS 管理实体接入点(APSME. SAP)的 APS 管理实体(APSME)。APSDE 提供数据传输服务对于应用 PDUs 的传送在同一网络的两个或多个设备之间。APSME 提供服务以发现和绑定设备并维护一个管理对象的数据库，通常称为 APS 信息库(AIB)。

2)应用层框架

ZigBee 应用层框架是应用设备和 ZigBee 设备连接的环境。在应用层框架中，应用对象通过 APSDE. SAP 发送和接收数据，而对应用对象的控制和管理则通过 ZDO 公用接口来实现。APSDE. SAP 提供的数据服务包括请求、确认、响应以及数据传输的指示信息。有 240 个不同的应用对象能够被定义，每个终端节点的接口标识从 1 到 240，还有两个附加的终端节点为了 APSDE. SAP 的使用。标识 0 被用于 ZDO 的数据接口，255 则用于所有应用对象的广播数据接口，而 241. 254 予以保留。

使用 APSDE. SAP 提供的服务，应用层框架提供了应用对象的 2 种数据服务类型：主值对服务(Key Value Pair，KVP)和通用信息服务(Generic Message Service，GMS)。两者传输机制一样，不同的是 GMS 并不采用应用支持子层(APS)数据帧的内容，而是留给 profile 应用者自己去定义。

3)ZigBee 设备对象

ZigBee 设备对象(ZDO)描述了一个基本的功能函数类，在应用对象、设备 profile 和 APS 之间提供了一个接口。ZDO 位于应用框架和应用支持子层之间，能满足 ZigBee 协议栈所有应用操作的一般要求。ZDO 还有以下作用：初始化应用支持子层、网络层和安全服务文档；从终端应用中集合配置信息来确定和执行发现、安全管理、网络管理以及绑定管理。

ZDO 描述了应用框架层的应用对象的公用接口，控制设备和应用对象的网络功能。

在终端节点0,ZDO提供了与协议栈中下一层相接的接口。

(5)ZigBee安全管理

安全层使用可选的AES-128对通信加密,保证数据的完整性。ZigBee安全体系提供的安全管理主要是依靠相称性密匙保护、应用保护机制、合适的密码机制以及相关的保密措施。安全协议的执行(如密钥的建立)要以ZigBee整个协议栈正确运行且不遗漏任何一步为前提,MAC层、NWK层和APS层都有可靠的安全传输机制用于它们自己的数据帧。APS层提供建立和维护安全联系的服务、ZDO管理设备的安全策略和安全配置。

1)MAC层安全管理

当MAC层数据帧需要被保护时,ZigBee使用MAC层安全管理来确保MAC层命令、标识以及确认等功能。Zigaee使用受保护的MAC数据帧来确保一个单跳网络中信息的传输,但对于多跳网络,ZigBee要依靠上层(如NWK层)的安全管理。MAC层使用高级编码标准(Advanced Encryption Standard,AES)作为主要的密码算法和描述多样的安全组,这些组能保护MAC层帧的机密性、完整性和真实性。MAC层作为安全性处理,但上一层(负责密钥的建立以及安全性使用的确定)控制着此处理。当MAC层使用安全使能来传送/接收数据帧时,它首先会查找此帧的目的地址(源地址),然后找回与地址相关的密钥,再依靠安全组来使用密钥处理此数据帧。每个密钥和一个安全组相关联,MAC层帧头中有一个位来控制帧的安全管理是否使能。

当传输一个帧时,如需保证其完整性,MAC层头和载荷数据会被计算使用,以产生信息完整码(Message Integrity Code,MIC)。MIC由4、8或16位组成,被附加在MAC层载荷中。当需保证帧的机密性时,MAC层载荷也有其附加位和序列数(数据一般组成一个nonce)。当加密载荷时或保护其不受攻击时,此nonce被使用。当接收帧时,如果使用了MIC,则帧会被校验,如载荷已被编码,则帧会被解码。当每个信息发送时,发送设备会增加帧的计数,而接收设备会跟踪每个发送设备的最后一个计数。如果一个信息被探测到一个老的计数,该信息会出现安全错误而不能被传输。MAC层的安全组基于3个操作模型:计数器模型、密码链模型以及两者混合形成的CCM模型。MAC层的编码在计数器模型中使用AES来实现,完整性在密码链模型中使用AES来实现,而编码和完整性的联合则在CCM模型中实现。

2)NWK层安全管理

NWK层也使用高级编码标准,但和MAC层不同的是标准的安全组全部基于CCM模型。此CCM模型是MAC层使用的CCM模型的小修改,它包括了所有MAC层CCM模型的功能,此外还提供了单独的编码及完整性的功能。这些额外的功能通过排除使用CTR及CBC. MAC模型来简化NWK的安全模型。另外,在所有的安全组中,使用CCM模型可以使一个单密钥用于不同的组中。这种情况下,应用可以更加灵活地来指定一个活跃的安全组给每个NWK的帧,而不必理会安全措施是否使能。

当NWK层使用特定的安全组来传输、接收帧时,NWK层会使用安全服务提供者(Security Services Provider,SSP)来处理此帧。SSP会寻找帧的目的/源地址,取回对应于目的/源地址的密钥,然后使用安全组来保护帧。NWK层对安全管理有责任,但其上一层控制着安全管理,包括建立密钥及确定对每个帧使用相应的CCM安全组。

2.2.2 ZigBee 的网络拓扑

利用 ZigBee 技术组成的无线个人区域网是一种低速个人区域网络，这种低速率无线个人区域网的网络结构简单、成本低廉，具有有限的功率和灵活的吞吐量等特点。LR-WPAN 主要目标是实现安装容易、数据传输可靠、短距离通信、非常低的成本以及功耗，并拥有一个简单而灵活的通信网络协议。

在一个 LR-WPAN 网络中，它可同时存在 2 种不同类型的设备：一种是具有完整功能的设备(FFD)；另一种是简化了功能的设备(RFD)。在网络中，FFD 通常有 3 种工作状态：①作为个人区域网络(PAN)的主协调器；②作为一个路由器设备；③作为一个终端设备。一个 FFD 可以同时和多个 RFD 或多个其他的 FFD 通信，而对于一个 RFD 来说，它只能和一个 FFD 进行通信。RFD 的应用非常简单、容易实现，就好像一个电灯的开关或者一个红外线传感器，由于 RFD 不需要发送大量的数据，并且一次只能同一个 FFD 连接通信，因此 RFD 仅需要使用较小的资源和存储空间，这样就可以非常容易地组建一个低成本和低功耗的无线通信网络。在 ZigBee 网络拓扑结构中，最基本的组成单元是设备，这个设备可以是一个 RFD 也可以是一个 FFD；在同一个物理信道的 POS (Personal Operating Scope，个人工作范围)通信范围内，2 个或者 2 个以上的设备就可构成一个 WPAN。但是，在一个网络中至少要求有一个 FFD 作为 PAN 主协调器。LR-WPAN 属于 WPAN 家庭标准的一部分，其覆盖范围可能超出 WPAN 所规定的 POS 范围。对于无线媒体而言，其传播特性具有动态的和不确定的特性，因此不存在一个精确的覆盖范围，仅仅是位置或方向的一个小小变化都可能导致信号强度或者链路通信质量的巨大变化。无论是静止设备，还是移动设备，这些变化都会对站和站之间的无线传播造成影响。

ZigBee 的设备类型主要有 3 种：协调器、路由器、终端设备。

(1)协调器

协调器是一个 ZigBee 网络第一个开始的设备或者是一个 ZigBee 网络的启动或者建立网络的设备。协调器节点选择一个信道和网络标识符(PAN ID)，然后开始组建一个网络。协调器设备在网络中还有其他作用，比如建立安全机制，网络中的绑定和建立。

(2)路由器

路由的主要功能有：

1)作为普通设备使用；

2)作为网路中的转接节点，用于多级跳通信；

3)辅助其他节点完成通信。

(3)终端设备

终端设备是一个 ZigBee 网路的最终端，能完成用户功能，比如信息的收集等等。

如图 2.15 所示中有 3 种拓扑：网状(MESH)、簇状(TREE)、星型(STAR)。网状拓扑中一个设备可以和多个设备相连，当然除了终端设备，它只能和一个路由或者一个协调器相连。簇状拓扑中以协调器为始，开始由路由向下生长，可以到路由设备结束也可以是到终端设备结束。星型拓扑是以协调器为中间转发装置，其余设备均和协调器相连。3 种拓扑中应用 MESH 最为广泛，因为当其中任何一个设备出现问题均不会影响这个网络其余设备之间的通信，而对星状拓扑来说，当其中协调器出现问题，这个网络就会崩溃，而树状中的父枝出现问题，那么整个子枝都无法接入网络，所以推荐使用 MESH。

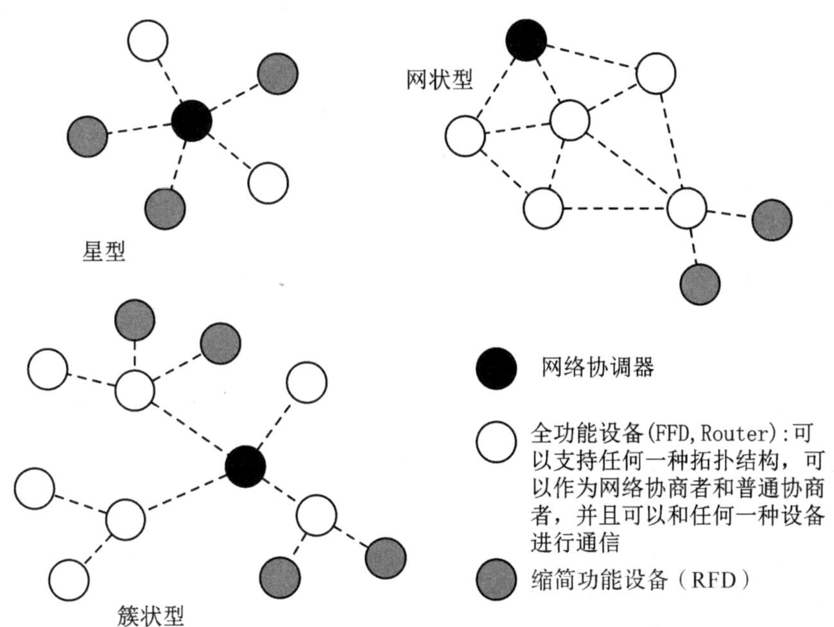

图 2.15　ZigBee 的网络拓扑

星型拓扑网络结构由一个叫做 PAN 主协调器的中央控制器和多个从设备组成，主协调器必须为全功能设备(FFD)，从设备既可为全功能设备也可为缩简功能设备(RFD)。在网络通信中，通常将这些设备分为起始设备或者终端设备，PAN 主协调器既可作为起始设备、终端设备，也可作为路由器，它是 PAN 网络的主要控制器。在任何一个拓扑网络上，所有设备都有唯一的 64 位的长地址码，该地址码可以在 PAN 中用于直接通信，或者当各设备之间已经存在连接时，可以将其转变为 16 位的短地址码分配给 PAN 设备。因此在设备发起连接时，采用 64 位的长地址码，只有连接成功后，系统分配了 PAN 的标识符后，才能采用 16 位的短地址码进行连接。因此短地址码是一个相对地址码，长地址码是一个绝对地址码。在 ZigBee 技术应用中，PAN 主协调器是主要的耗能设备，而其他从设备均采用电池供电。当一个全功能设备(FFD)第一次被激活后，它就会建立一个自己的网络，将自身设置成为一个 PAN 主协调器。所有星型网络的操作独立于当前其他星型网络的操作，也就是说在星型网络结构中只有一个唯一的 PAN 主协调器，通过选择一个 PAN 标识符确保网络的唯一性。目前，其他无线通信技术的星型网络没有采用这种方式。因此一旦选定了一个 PAN 标识符，PAN 主协调器就会允许其他从设备加入它的网络中，无论是全功能设备，还是缩减功能设备。

在对等的拓扑网络结构中，同样也存在一个 PAN 主设备，但该网络不同于星型拓扑网络结构，在该网络中的任何一个设备只要是在它的通信范围之内，就可以和其他设备进行通信。对等拓扑网络结构能够构成较为复杂的网络结构，例如网状拓扑结构，这种对等拓扑网络结构在工业监测和控制、无线传感器网络、供应物资跟踪、农业智能化以及安全监控等方面都有广泛的应用。一个对等网络的路由协议可以是基于 Ad hoc 技术的，也可以是自组织式的和自恢复式的。并且各个设备之间在网络中发送消息时，可通过多个中间设备中继的传输方式进行传输，即通常称为多跳的传输方式，以增大网络的覆盖范围。在对等拓扑结构中，每一个设备都可以与无线通信范围内的其他任何设备进行通信，任何一个设备都可定义为 PAN 主协调器。例如，可将信道中第一个通信的设备定义成 PAN 主协调器。

簇状型拓扑结构其实是对等网络拓扑结构的一种应用形式，它的另一种典型的应用形式，也即为网状拓扑结构。在对等网络中的设备可以为全功能设备，也可以为简化功能设备。而在簇树中的大部分设备为 FFD，RFD 只能作为树枝末尾处的叶节点，这主要是由于 RFD 一次只能连接一个 FFD。任何一个 FFD 都可以作为主协调器，并且可为其他从设备或主设备提供同步服务。在整个 PAN 中，只要该设备相对于 PAN 中的其他设备具有更多计算资源，比如具有更快的计算处理能力、更大的存储空间以及更多的供电能力等等。这样的设备都可以成为该 PAN 的主协调器，通常称该设备为 PAN 主协调器。在建立一个 PAN 时，首先 PAN 主协调器将其自身设置成一个簇标识符(CID)为 0 的簇头(CLH)。然后选择一个没有使用的 PAN 标识符，并向邻近的其他设备以广播的方式发送信标帧，从而形成第一簇网络。接收到信标帧的候选设备可以在簇头中请求加入该网络，如果 PAN 主协调器允许设备加入，那么主协调器会将该设备作为子节点加到它的邻居表中。同时，请求加入的设备将 PAN 主协调器作为它的父节点加到邻居表中，成为该网络的一个从设备，其他的所有候选设备都按照同样的方式，可请求加入到该网络中，作为网络的从设备。如果候选设备不能加入该网络中，那么它将寻找其他的父节点。在簇树网络中，最简单的网络结构是只有一个簇的网络，但是多数网络结构由多个相邻的网络构成。一旦第一簇网络满足预定的应用或网络需求时，PAN 主协调器将会按下一个从设备为另一簇新网络的簇头，使得该从设备成为另一个 PAN 的协调器，随后其他的从设备将逐个加入，并形成一个多簇网络。无论是星型拓扑结构，还是对等拓扑网络结构，每个独立的 PAN 都有一个唯一的标识符，利用该 PAN 标识符，可采用 16 位的短地址码进行网络设备间的通信，并且可激活 PAN 网络设备之间的通信。网状型(Mesh)可以看成是簇状型网络的一种改进型的对等网络。其基本结构如图 2.15 的右图所示。从数据路由来看，簇状型网络结构很容易导致非均匀流量分配。

2.2.3 ZigBee 的应用

ZigBee 技术将主要嵌入到消费性电子设备、家庭和建筑物自动化设备、工业控制装置、电脑外设、医用传感器、玩具和游戏机等设备中，支持小范围内基于无线通信的控制和自动化。可能的应用包括家庭安全监控设备、空调遥控器、照明灯和窗帘遥控器、电视和收音机遥控器，老年人和残疾人专用的无线电话按键、无线鼠标、键盘和游戏手柄，以及工业和大楼的自动化等。通常符合下列条件之一的应用，就可以考虑采用 ZigBee 技术：(1)设备间距较小；(2)设备成本很低，传输的数据量很小；(3)设备体积很小，不容许放置较大的充电电池或者电源模块；(4)只能使用一次性电池，没有充足的电力支持；(5)无法做到频繁更换电池或反复充电;(6)需要覆盖的范围较大,网络内需要容纳的设备较多,网络主要用于监测或控制。ZigBee 技术的应用领域可以划分为消费性电子设备、工业控制、汽车、农业自动化、医学辅助控制等。下面就每个领域给出一些应用的例子。

(1)消费性电子设备

消费性电子设备和家居自动化是 ZigBee 技术最有潜力的市场。消费性电子设备包括手机、PDA、笔记本电脑、数码相机等,家用设备包括电视机、录像机、PC 外设、儿童玩具、游戏机、门禁系统、窗户和窗帘、照明、空调和其他家用电器等。利用 ZigBee 技术很容易实现相机或者摄像机的自拍、窗户远距离开关、室内照明系统的遥控、窗帘的自动调整等功能。特别是在手机或者 PDA 中加入 ZigBee 芯片后,就可以被用来控制电视开关、调节空调温度、开启微波炉等。基于 ZigBee 技术的个人身份卡能够代替家居和办公室的门禁卡,可以记录所有进出大门的个人信息,加上个人电子指纹技术,将有助于实现更加安全的门禁系统。嵌入 ZigBee 设备的信用卡可以很方便地实现无线提款和移动购物,商品的详细信息也将通过 ZigBee 设备广播给顾客。

在家居和个人电子设备领域,ZigBee 技术有着广阔而诱人的应用前景,必将能够在很大程度上改善我们的生活体验。

(2)工业控制

生产车间可以利用传感器和 ZigBee 设备组成传感器网络,自动采集、分析和处理设备运行的数据,适合危险场合、人力所不能及或者不方便的场所,如危险化学成分的检测、锅炉炉温监测、高速旋转机器的转速监控、火灾的检测和预报等,以帮助工厂技术和管理人员及时发现问题,同时借助物理定位功能,还可以迅速确定问题发生的位置。ZigBee 技术用于现代化工厂中央控制系统的通信系统,可以免去生产车间内的大量布线,降低安装和维护的成本,便于网络的扩容和重新配置。

(3)汽车

汽车车轮或者发动机内安装的传感器可以借助 ZigBee 网络把监测数据及时地传送给司机,从而能够及早发现问题,降低事故发生的可能性。汽车中使用的 ZigBee 设备需要克服恶劣的无线电传播环境对信号接收的影响以及金属结构对电磁波的屏蔽效应,内置电池的寿命应该大于或者等于轮胎或者发动机本身的寿命。

(4)农业自动化

农业自动化领域的特点是需要覆盖的区域很大,因此需要由大量的 ZigBee 设备构成监控网络,通过各种传感器采集诸如土壤湿度、氮元素浓度、pH 值、降水量、温度、空气湿度和气压等信息,以帮助农民及时发现问题,并且准确地确定发生问题的位置,这样农业将有可能逐渐地从以人力为中心、依赖于孤立机械的生产模式转向以信息和软件为中心的生产模式,从而大量使用各种自动化、智能化、远程控制的生产设备。

(5)医学辅助控制

医院里借助于各种传感器和 ZigBee 网络,能够准确而实时地监测病人的血压、体温和心率等关键信息,帮助医生做出快速的反应,特别适用于对重病和病危患者的看护和治疗。带有微型纽扣电池的自动化、无线控制的小型医疗器械将能够深入病人体内完成手术,从而在一定程度上减轻病人开刀的痛苦。还有其他许多领域能够采用 ZigBee 技术实现无线远程、自动化控制，由于篇幅所限，在此不能一一列举。更多的应用将有待于业界标准化组织、应用开发商以及广大用户进一步的设计和完善。

ZigBee 技术为产品制造商和开发商提供了建立安全可靠、低功耗、具有成本效益的无线控制产品的能力。这些产品可以满足住宅、商业和工业等领域的应用需求。ZigBee 最初的市场包括能源管理、家庭自动化、商务楼自动化和工业自动化等。经过不断的市场探索，ZigBee 联盟确定了 ZigBee 技术最新的应用领域，其主要应用领域如下：

(1)家庭自动化，资产跟踪/有源 RFID；

(2)自动抄表(AMR)；

(3)照明、制热、警报、安全；

(4)白家电健康状态监控；

(5)商业楼宇自动化；

(6)采暖、通风和空调系统(HVAC)；

(7)能量管理；

(8)无线传感网络；

(9)工业自动化；

(10)住院和病患护理。

以下就几个常见的、技术比较成熟的 ZigBee 应用实例进行简单的介绍。

(1)Zigbee 技术在煤矿井下人员定位系统中的应用

在 Zigbee 无线网络中，网络节点包括两类，即参考节点和移动节点。基本原理是定位网络中移动目标节点可将无线信号强度值和参考节点的距离换算，来获得移动目标节点自身的位置信息，传输给邻近的参考节点，参考节点将接收到的移动目标节点信息(无线信号强度 RSSI 和无线信号质量 LQI)，以无线方式通过无线网关节点和以太网传送到中心控制机做最终处理。井下部分通过 ZigBee 无线网络组网，参考节点根据实际需要，沿坑道每隔 50～200 m 距离(工作面距离则可降低为 50 m)，在坑道矿灯适当位置设置一个 ZigBee 参考节点(采用固定矿灯电源供电)，同时在需要定位和网络连接的地方，也安置 ZigBee 参考节点；而移动节点由下井矿工携带，锂电池供电。为避免井下环境对无线信号的干扰，所有无线网络节点使用的都是抗干扰的直序扩频通信方式，具有唯一标识的地址。在布置参考节点的位置时，注意应使每个移动节点至少可与 2 个以上的参考节点进行通信，即避免“单线通信联系”，以保证 ZigBee 网络通信的可靠性。因为 ZigBee 网络节点体积很小，而且网络节点之间的通信不需要使用额外的光纤或通信电缆来进行连接，组网非常方便灵活。井上部分由以太网方式与外界组网。

这是一种基于 ZigBee 技术的井下人员无线定位系统的总体设计方案以及定位的实现，该技术能够提高煤矿井下救援的效率，为抢救人员和财产安全争取宝贵的时间。

(2)ZigBee 技术在无线点菜系统中的应用

较早期的无线点菜系统主要是 IC 卡点菜终端和红外点菜终端。IC 卡点菜终端：服务员领卡、插卡、客户点菜，结束后需到固定地点读卡。特点是信息准确、价格低、速度慢、费时费力。红外点菜终端：顾客可直接在其上面点菜，速度快、价格中、发射距离短、需直线接收。可见以上 2 种点菜系统都存在不太方便的缺点。下面来简单看一下 ZigBee 技术的点菜系统：

系统由用于无线点菜的通信终端设备(简称“终端”)、协调器设备、作为服务器的 PC 机、打印机等部分组成。服务员携带终端，可根据顾客需求为顾客提供实时服务：点菜、套餐点菜、加菜、退菜、套餐退菜、催菜、口味选择等。点菜完成，点菜信息经由星型 ZigBee 无线传感网络实现数据传输，传送至服务器。服务器完成与终端实时通信、咨询、账单打印、数据维护管理、账单结算、酒店人事管理等。

该系统的工作流程如下：顾客进店，服务员据终端显示的空桌开台，顾客据菜谱(纸制，放于桌上)选择适合口味的菜，据“编号—菜名”键入菜名编号。点菜完成，终端显示菜单及结算账单。顾客确认后，可选择发送键，完成数据发送。服务台收到信息后，经过厨师制作、出品核对、传菜、台位划菜，最后收银台打印账单小票、结账。

可见 ZigBee 技术将会在餐饮无线点菜系统、茶楼、咖啡馆、网吧、KTV 娱乐场所呼叫系统得到广泛应用。

(3)基于 ZigBee 的智能家居物联网系统

智能家居是以住宅为平台，兼备建筑、网络通信、信息家电、设备自动化，集系统、结构、服务为一体的高效、舒适、安全、便利、环保的居住环境。智能家居一般从建筑物结构及附属设施家庭网络化、智能化两个方面对现有的家居系统进行改进，涵盖了数字家电、综合布线、安防、自动控制、封闭式管理、环境和能源保护等子系统。随着生活水平的提高，人们除了追求家居中的智能化设备先进外，也越来越需要各种家庭设备具备一定的“思维”。这种“思维”主要体现为个性化、自动化、网络化等。其中，个性化和自动化可以通过选购具有这两方面特征的产品，但网络化却往往无法应用于任意挑选的各种个性化、自动化家电产品中。然而，家庭是一个设备种类繁多、数量较大、存放地点较为集中的场所，即设备间的距离相对都比较短。一般家庭内部空间直线距离不超过 20 m，如果要使家庭内部设备具备一定的“思维”，彼此建立一定联系，就要求在家庭内部建立一个短距离通信网络。毋庸置疑，ZigBee 技术是组建智能家居网络的最佳方式。ZigBee 智能家居物联网系统将家庭中各种设备互联，以实现人与设备、设备与设备之间的“沟通”。例如，厨房里发生了煤气泄漏，当煤气传感器监测到煤气泄漏时，就会通过 ZigBee 无线通信模块将煤气泄漏的消息“告诉”煤气阀门控制器，让它将煤气阀门关上；同时也“告诉”排气扇控制器，让它打开排气扇对厨房通风。再如，家中发生了火灾，家庭内部的烟雾报警系统将会及时启动，并通过互联网、手机或电话网络平台通知物业管理中心或服务提供商，以及时排除险情，同时通过短信告知远在公司上班或异乡度假的用户。前一假设通常是在家庭内部的 ZigBee 无线网络中实现，如果要实现后一假设中通过手机或互联网访问家庭设备，了解设备的运行状态，就需要用到网关。网关是连接不同网络，使不同网络互联、互话的中介。在智能家居物联网系统中，网关是核心，它连接着家庭内部的计算机局域网、ZigBee 无线网络、GPS 网络、PSTN 网络等。

(4)ZigBee 技术在远程无线自动电抄表系统中的应用

在我国已经主要应用的远程无线自动电抄表系统中，按底层通讯方式的不同分为以下几种：

1)通过电力载波通信的方式来实现远程电抄表。目前电力载波通信有着明显不足。

主要表现为高噪声、低阻抗、损耗大、波动大、易受外界干扰。

2)通过 RS485 有线通信网来实现远程电抄表。需要专门铺设传输设备,这需要额外的投资费用,另外它使用双绞线作为网络总线,最多支持 128 个节点,不能满足一些网络节点较多的用户的需要,在我国主要应用于少量高档生活小区中。

3)通过 GPRS 无线通信网来实现远程电抄表。这种技术安装在每个电表上的 GPRS 终端,价格昂贵,国内的价格在 600～1 500 元之间,GPRS 终端功耗也较大,并且从 GPRS 无线远程自动电抄表系统投入使用开始,电表用户就需要一直按数据流量向 GPRS 运营商支付一定的费用,综合其安装、维护和使用成本来看,这种方式在某种程度上反而超过了人工抄表,因此,并没有能够被广泛的应用。

4)通过 ZigBee 无线通信来实现远程抄表。以下主要对这种方式进行介绍。ZigBee 远程无线自动电抄表系统分为 3 个层次结构,分别是电表用户终端、电表数据采集终端和管理中心。电表用户终端完成对现场表具输出数据的采集,一般一个采集器可以对多个电表进行采集。电表数据采集终端通过无线通信方式采集电表终端中的表数据,然后进行处理,存储并通过通信总线与总控制室的系统管理中心的计算机相连。

管理中心有多媒体计算机和系统管理软件组成。用远程无线自动电抄表技术,不仅能节约人力资源,更重要的是可提高抄表的准确性、定时性,使管理部门能及时准确地获得数据信息,无需架设电缆,节省了人力物力,投资是相当节省的。无线的方式可迅速建起通信链路,工程周期大大缩短,出现故障时,只需维护无线数据模块,就能迅速找出原因,恢复系统正常运行。

CHAPTER TWO
第 2 篇

物联网基础实验平台

本篇内容

物联网是通过各种传感设备，把物品与网络连接起来，进行信息交换和通信，以实现智能化识别、定位、跟踪、监控和管理的一种网络，可广泛应用于各行各业，如把各种传感器嵌入或装备到电网、铁路、桥梁、隧道、公路、建筑、供水系统、大坝、油气管道等各种物体中，形成物联网，通过无线信息的收发，就能通信和监管，不用数据线，成本低，使用便利。

物联网实验专业面向教学实验及科研应用开发需求，包括单片机、嵌入式系统及智能终端等软硬件平台，可以全方位覆盖物联网的感知与标识、通信与网络、接入与处理 3 个不同层面的各项核心关键技术，通过精心设计的数十项快速入门专业实验的学习，能够使我们在最短时间内步入物联网的殿堂，还可以快速搭建智能医疗、智能物流、环境监测等物联网典型领域的实际应用场景。

第 3 章　环境安装

3.1　开发套件介绍

德州仪器的 CC2540 系列产品提供用于感应器应用及手持式、穿戴式的低功率蓝牙解决方案，CC2540 是一个真正的系统单晶片解决方案，结合德州仪器的协定堆叠、轮廓软体及应用支援，CC2540 成为市场上最具有弹性及成本效益的单模式低功率蓝牙解决方案。

低功率蓝牙技术提供消费性医疗、行动装置周边、运动以及健康应用等产品超低功率的最新通信能力。低功率蓝牙技术是一个使用更少连结的协定，它大幅地降低了无线功能必须开机的时间，只需要传统蓝牙一部分的消耗功率，便可让产品使用硬币式电池操作超过 1 年的时间。

德州仪器用于感应器应用的低功率蓝牙解决方案包括 CC2540 2.4 GHz 系统单晶片、协定堆叠、轮廓软体及应用支持。

CC2540 是 1 个超低消耗功率的真正系统单晶片，它整合了包含微控制器、主机端及应用程序在 1 个元件上。CC2540 结合一个优异的无线射频传送接收器及 1 个工业标准的加强型 8051 微控制器，它包括连接类比及数位感应器的周边，内建可编程式的快闪记忆体，精确的无线射频信号强度指示，全速 USB 2.0 界面，内置 AES-128 加密引擎。

CC2540可让主控与从属节点以很低的成本建立起来，它具有很低的睡眠模式功率消耗及不同工作模式间短暂的转换时间，适用于需要超低消耗功率的系统。

CC2540有2个版本：CC2540F128/F256，各含有128KB及256 KB快闪记忆体，为40-pin 6 mm×6 mm的QFN封装。整合低功率蓝牙协定堆叠，使得CC2540F128/F256成为市场上最具弹性及成本效益的单模低功率蓝牙解决方案。

主要功能

● 8051微控制器——128 KB或256 KB内置快闪记忆体，8 KB SRAM。

● 完全整合的无线射频功能——低功率蓝牙（1Mbps GFSK）。

● 数位周边——21个通用型输出输入界面，2个USART（UART或SPI），全速USB 2.0，2个16位元及2个8位元计时器，专属的链接层计时器用于低功率蓝牙协定时脉，AES-128硬体加密/解密功能。

● 先进的类比周边——8通道8到12位元delta-sigma类比数位转换器，超低功率类比比较器，内建高效能运算放大器。

● 完整解决方案——2.4 GHz系统单晶片，德州仪器协定堆叠，轮廓软体，及应用支持。

● 超低消耗功率——感应器应用可使用1个硬币型电池运作超过1年的时间。

● 领先的无线射频效能——最高达+97 dB link budget，可用于大范围通信，与其他2.4 GHz装置优异的共存性。

● 单晶片整合解决方案——微控制器、主机端、及应用程式整合在1个6 mm×6 mm的元件中，有效降低所需的印刷电路板面积，应用程序可直接写入CC2540，它支持类比及数位界面。

● 具备快闪记忆体及具有弹性的元件——可根据在使用场合更新并可储存于晶片上。

● 单一模式及双模式——做为1个同时提供单一模式及双模式低功率蓝牙解决方案的厂商，德州仪器提供由智慧型感应器到智慧型手机完整验证及可靠的节能系统解决方案。

CC2540主要特点：

(1)高性能、低功耗的8051微控制器内核；

(2)兼容2.4 GHz蓝牙低功耗的RF收发器；

(3)极高的接收灵敏度(−97 dBm)和抗干扰性能；

(4)128 KB/256 KB Flash存储器；

(5)8 KB SRAM，具备在各种供电方式下的数据保持能力；

(6)强大的DMA功能；

(7)只需极少的外接元件；

(8)只需一个晶体，即可满足组网需要；

(9)电流消耗小(当微控制器内核运行在32 MHz时，RX为19.6 mA，TX为24 mA)；

(10)功耗模式1电流为0.2 mA，唤醒系统仅需530 μs；

(11)功耗模式 2 电流为 1 μA,睡眠定时器运行;
(12)功耗模式 3 电流为 0.4 μA,外部中断唤醒;
(13)硬件支持避免冲突的载波侦听多路存取(CSMA-CA);
(14)电源电压范围宽(2.0～3.6V);
(15)支持数字化的接收信号强度指示器/链路质量指示(RSSI/LQI);
(16)电池监视器和温度传感器;
(17)具有 8 路输入 8～14 位 ADC;
(18)高级加密标准(AES)协处理器;
(19)2 个支持多种串行通信协议的 USART;
(20)看门狗;
(21)1 个 IEEE 802.15.4 媒体存取控制(MAC)定时器;
(22)1 个通用的 16 位和 2 个 8 位定时器;
(23)1 个红外发生电路;
(24)支持硬件调试;
(25)21 个通用 I/O 引脚,其中 2 个具有 20mA 的电流吸收或电流供给能力;
(26)小尺寸 QLP-40 封装(6 mm×6 mm)。

3.2 硬件环境

3.2.1 蓝牙芯片 CC2540

CC2540 集成了 2.4 GHz 射频收发器,是一款完全兼容 8051 内核的无线射频单片机,它完美地兼容了蓝牙低功耗协议,非常适合蓝牙低功耗的开发和应用,它有 3 个不同的存储器访问总线:

特殊功能寄存器(SFR);

数据(DATA);

代码/外部数据(CODE/XDATA)。

CC2540 单片机使用单周期访问 SFR、DATA 和主 SRAM。当 CC2540 处于空闲模式时,任何的中断可以把 CC2540 恢复到主动模式,某些中断还可以将 CC2540 从睡眠模式唤醒。位于系统核心存储器交叉开关使用 SFR 总线将 CPU、DMA 控制器与物理存储器和所有的外接设备连接起来。

CC2540 的 Flash 容量可以选择,有 128 KB、256 KB,这就是 CC2540 单片机的在线可编程非易失性存储器,并且映射到代码和外部数据存储器空间。除了保存程序代码和常量之外,非易失性存储器允许应用程序保存必要的数据,以保证这些数据在设备重启后可用。

如图 3.1 所示,CC2540 内部结构图的这些模块大致可以分为 3 类:CPU 和内存相关的模块;外设、时钟和电源管理相关的模块;无线电相关的模块。

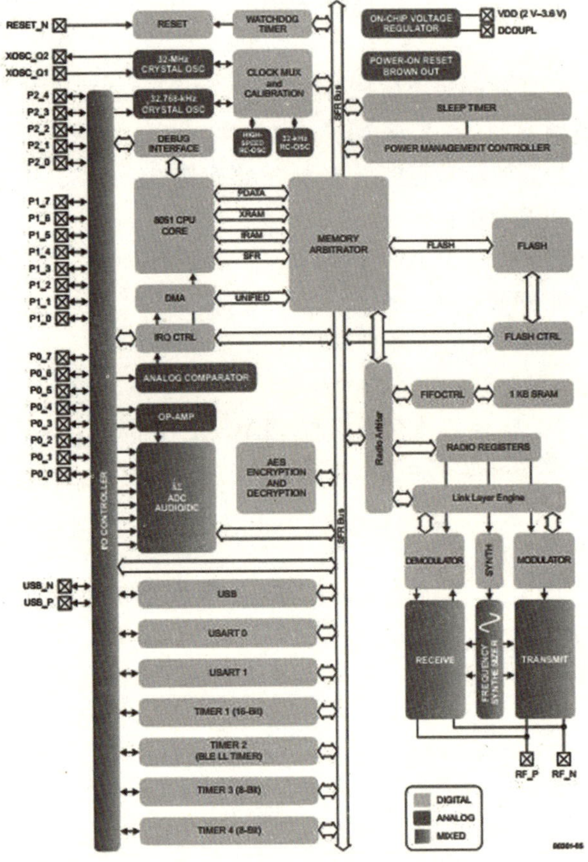

图 3.1　CC2540 内部结构图

3.2.2 CC2540EM 核心板

CC2540 EM 是 TI 公司官方推出的蓝牙 4.0 开发套件之一。CC2540EM 核心板主要包括 CC2540 单片机、全尺寸倒 F 天线、晶振以及扩展接口。如图 3.2 所示。

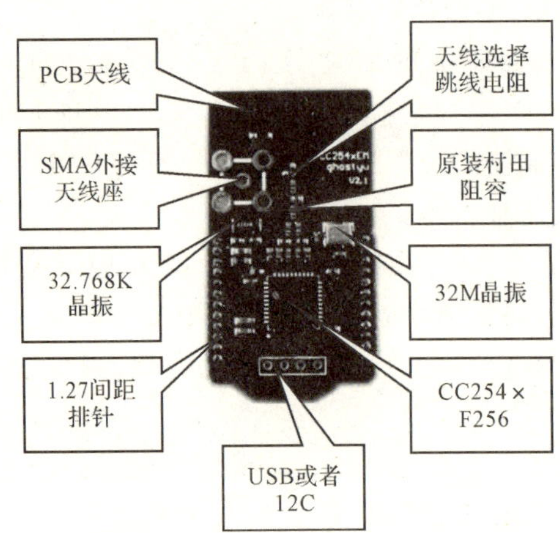

图 3.2　CC2540EM 开发板实物图

如图 3.2 为 CC2540EM 开发板的实物图，各组成模块如上图所示。

3.2.3 USBDongle

CC2540 USBDongle 可以配合 TI PacketSniffer 软件实现 BLE 的无线抓包，另外可以配合 PC 端的 BTool 软件实现 PC 端的 BTool 主机，实物图如图 3.3 所示：

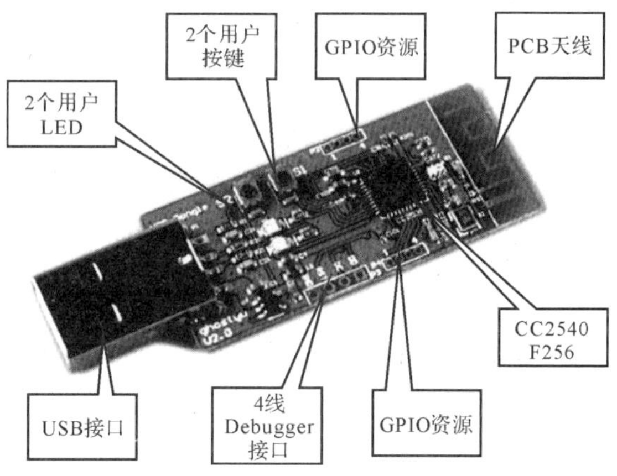

图 3.3　USBDongle 实物图

图 3.3 是 USBDongle 的实物图，各组成模块如图中。USBDongle 通过 USB 接口与 PC 连接，安装 TI 的驱动程序，将 USBDongle 模拟成串口，然后运行 BTool。

3.2.4 SmartRF04EB

SmartRF04EB 是用来调试和下载软件到 EM 的仿真器，它是 TI 第一代的 CC 系列仿真器，性价比高，支持 CC2540 和 CC2530，但不支持 CC2541。如图 3.4 所示是 SmartRF04EB 的实物图，各模块和接口的位置如图中。

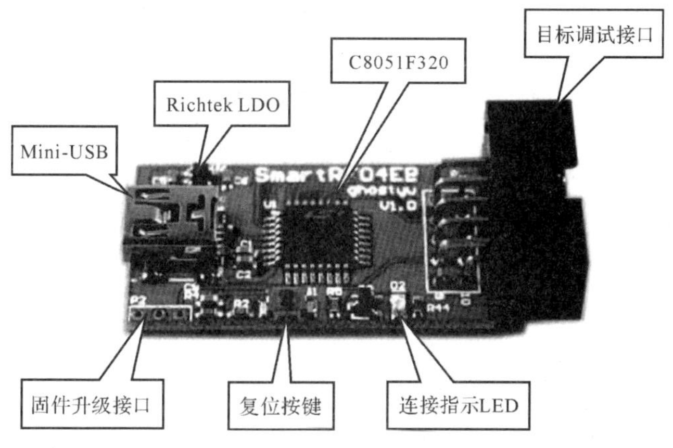

图 3.4　SmartRF04EB 实物图

3.3 软件环境

3.3.1 IAR

IAR Systems 是全球领先的嵌入式系统开发工具和服务的供应商。公司成立于1983年,提供的产品和服务涉及到嵌入式系统的设计、开发和测试的每一个阶段,包括:带有C/C++编译器和调试器的集成开发环境(IDE)、实时操作系统和中间件、开发套件、硬件仿真器以及状态机建模工具。

Embedded Workbench for ARM 是 IAR Systems 公司为 ARM 微处理器开发的一个集成开发环境(下面简称 IAR EWARM)。比较其他的 ARM 开发环境,IAR EWARM 具有入门容易、使用方便和代码紧凑等特点。

EWARM 中包含一个全软件的模拟程序。用户不需要任何硬件支持就可以模拟各种 ARM 内核、外部设备甚至中断的软件运行环境。从中可以了解和评估 IAR EWARM 的功能和使用方法。

IAR EWARM 的主要特点如下:

(1)高度优化的 IAR ARM C/C++ Compiler;

(2)IAR ARM Assembler;

(3)一个通用的 IAR XLINK Linker;

(4)IAR XAR 和 XLIB 建库程序和 IAR DLIB C/C++运行库;

(5)功能强大的编辑器;

(6)项目管理器;

(7)命令行实用程序;

(8)IAR C-SPY 调试器(先进的高级语言调试器)。

IAR Embedded Wordbench(又称 EW)的 C 交叉编译器是一款完整、稳定且容易使用的专业嵌入式应用开发工具,IAR 对不同的微处理器提供统一的用户界面,目前可以支持至少 35 种的 8 位、16 位、32 位的 MCU。其特点如下:

(1)完全兼容标准 C 语言;

(2)内建相应芯片的程序引导和内部优化器;

(3)高效浮点支持;

(4)内存模式选择;

(5)为了满足本书试验的需求,使用的 IAR 版本是 8.10.4。

3.3.2 蓝牙 4.0 BLE 协议栈

BLE 协议栈需要先自己安装,协议栈文件夹里存放的是协议栈源码,TI 会陆续更新协议栈版本,但是本设计为了配合 IAR 的版本,所以选择使用 1.3.2 版本的 BLE 协议栈。

协议栈文件夹下有以下几个目录:

Accessories——\Accessories\Drivers 里面存放的是烧写了 HostTestRelease 程序的 CC2540 USBDongle 的 USB 转串口驱动程序，很多用户反馈说 USBDongle 插到电脑上没有被识别成串口号，这里就要注意，USBDongle 出厂时烧写的是 PacketSniffer 的固件，是协议分析仪，另外当 USBDdongle 烧写了 HostTestRelease 程序时才会表现为一个串口，此时 USBDongle 的驱动程序即在 Drivers 目录下：

\Accessories\HexFiles 里面存放的是 TI 开发板上的预先编译的 hex 文件。\Accessories\BTool 以前的协议栈版本没有这个目录，这里存放的是 BTool 的安装文件，不过不需要手动安装，因为刚才安装协议栈的时候已经安装 BTool。

Components——目录 Components 存放的是最终要的协议栈组件，包括底层的 BLE，还有开发板硬件层 hal，还有类似操作系统的 osal。

Documents——目录 Documents 存放的是 TI 提供的关于协议栈和协议栈 demo 的相关介绍和开发文档，因为该目录下的文件非常重要，虽然全部是英文，也需要查看。

TI_BLE_Sample_Applications_Guide. pdf 协议栈 demo 操作指南，协议栈里所有 demo 的说明都在这里。

TI_BLE_Software_Developer's_Guide. pdf BLE 协议栈指南，介绍 BLE 和 TI 的 BLE 协议栈。

BLE_API_Guide_main. htm BLE API 文档，协议栈里调用的 API 函数还有调用时序，均在此文档中。

Projects\ble——目录 Projects\ble，最后一个，也是最重要的目录，基于协议栈的 demo 工程都在这里。

所有的协议栈 demo 都要放到 Projects/ble 这个目录下编译运行，因为 IAR 程序配置中使用的是相对路径，一旦 IAR 工程位置和整个协议栈源码的相对位置发生变化，就无法找到 ble 的其他组件，编译时会产生大量无法找到文件的错误，所有程序必须要放到这里来编译。

3.3.3 BTool

BTool 是一款由 TI 公司出品的，与 CC2540 开发配套的 PC 端应用程序，通过使用主机控制接口（HCI）命令的方式与蓝牙 BLE 外设通信。BTool 允许用户使用基本的 BLE 集中器设备功能，例如发现蓝牙外设或广播设备、建立与外设的连接、进行 GATT 应用数据的读写操作、绑定服务等。因此，可以在 PC 端使用 BTool 工具来进行蓝牙外设应用程序的开发调试。

3.3.4 Flash Programmer

Flash Programmer 也是一款 TI 的官方软件，与 SmartRF04EB 配合使用，向 EW 开发板烧写 HEX 文件。

第4章 实验平台组成

4.1 WB2540MVA模块

4.1.1 模块简介

WB2540MVA模块是世嵌科技公司推出的新一代蓝牙4.0低功耗标准无线收发模块，基于TICC2540低功耗蓝牙SOC芯片，硬件部分彻底消灭了客户射频开发的困难，数字接口部分全部开放，并扩展了模块存储空间，即使协议后续再更新，也有足够的存储空间可以使用。软件部分支持业界领先的蓝牙4.0低功耗协议栈bleStack软件包。方便客户开发出符合蓝牙4.0低功耗标准，或其他自有标准的产品。

模块采用CC2540F256芯片，配合5dBi天线，户外收发数据可视距离最远范围可达200 m。模块设计精巧，大小只有30 mm×24 mm，而且引脚封装与315/433 MHz WS1110模块以及2.4 GHz WZ2530 ZigBee模块全面兼容，用户只需要一次性硬件设计，就可以通过选用不同的射频前端，推出兼容不同标准的无线通信产品。如图4.1所示是CC2540F256芯片的实物图。

图4.1 CC2540F256芯片

4.1.2 模块特点

工作频带：2 402～2 480 MHz

支持Bluetooth 4.0 Low Energy标准

支持TI bleStack协议栈软件包

主控芯片：CC2540F256

网络拓扑结构：星型、簇状
调制方式：GFSK
数据传输速率：1 Mbps
天线模式：外置天线
通信范围：150～200 m
接收灵敏度：－97 dBm
发射电流：27 mA
接收电流：24 mA
工作温度：－40～85℃
电源：2.0～3.6V
模块外形尺寸：30 mm×24 mm

4.1.3 模块资源

主控芯片：CC2540F256
天线：I-PEX 接口，50Ω 2 dBi/5 dBi，2.4 GHz 天线
用户接口：2 个 2.0 mm 1×10PIN
外部晶振：32 MHz 和 32.768 kHz
可选串行存储器扩展(采用通用 IO 模拟串行总线，不占用片上的 SPI 和 UART 资源)。

4.1.4 接口说明

WB2540MVA 用户接口采用 2 组 2 mm 单列直插连接器，用户接口电气定义和机械尺寸如表 4.1、4.2 所示是 WB2540MVA 模块接插件 J4 和 J5 的信号定义表：

表 4.1　WB2540MVA 模块接插件 J4 的信号定义

引脚编号	信号名称	CC2540 对应引脚	备　注
1	GND	GND	Power Ground
2	VDD_3P3V	VDD_3P3V	Power Supply，3.3V DC
3	P2_2	P2_2	Debug Clock
4	P2_1	P2_1	Debug Data
5	P1_4	P1_4	GP10，Input/Output
6	P1_5	P1_5	GP10，Input/Output
7	NRESET	NRESET	Chip reset，active low.
8	P1_6	P1_6	GP10，Input/Output
9	P2_0	P2_0	GP10，Input/Output
10	P1_7	P1_7	GP10，Input/Output

表 4.2　WB2540MVA 模块接插件 J5 的信号定义

引脚编号	信号名称	CC2540 对应引脚	备　注
1	P0_7	P0_7	GP10，Input/Output
2	P0_6	P0_6	GP10，Input/Output
3	P0_5	P0_5	GP10，Input/Output
4	P0_4	P0_4	GP10，Input/Output
5	P0_3	P0_3	GP10，Input/Output
6	P0_2	P0_2	GP10，Input/Output
7	P0_1	P0_1	GP10，Input/Output
8	P0_0	P0_0	GP10，Input/Output
9	P1_0	P1_0	GP10，Input/Output
10	P1_1	P1_1	GP10，Input/Output

4.2　WX2530 底板模块

WX2530 底板是世嵌科技公司为其 CC1110、CC2530 和 CC2531 等智能收发模块所专门开发的通用传感器板，可以配合不同的无线收发模块，实现对不同频段（覆盖 315 MHz，433 MHz，2.4 GHz 频点）和不同通信协议标准（包括 SimpliciTI，IEEE 802.15.4，ZigBee 2006/2007/2007Pro 等）的支持。

该传感器板可以通过 USB 接口，或者直流电池接口供电，板上集成了多路传感器，4 个功能按键，4 个状态指示灯，用户可以使用此传感器板实现完整的终端节点功能。

4.2.1　产品特点

支持世嵌科技公司的 CC1110、CC2530 和 CC2531 等模块可由世嵌科技公司仿真器和协议分析仪配合使用硬件组成：

(1)USB 接口供电

(2)2 节 5 号电池供电单元

(3)仿真器接口供电

(4)电源开关及指示灯

(5)4 个功能按键

(6)4 个 LED 指示灯

(7)支持蜂鸣器报警提醒

(8)1 个高精度温度传感器

(9)1 个高精度光照传感器

软件特性：

(1)远程维护管理

(2)兼容 TI SmartRF 系列编程,仿真工具及协议分析软件

(3)外观尺寸:68 mm×56 mm

4.2.2 各功能单元使用说明

单板整体结构:如图 4.2 所示是单板的整体结构和各功能单元的使用说明。

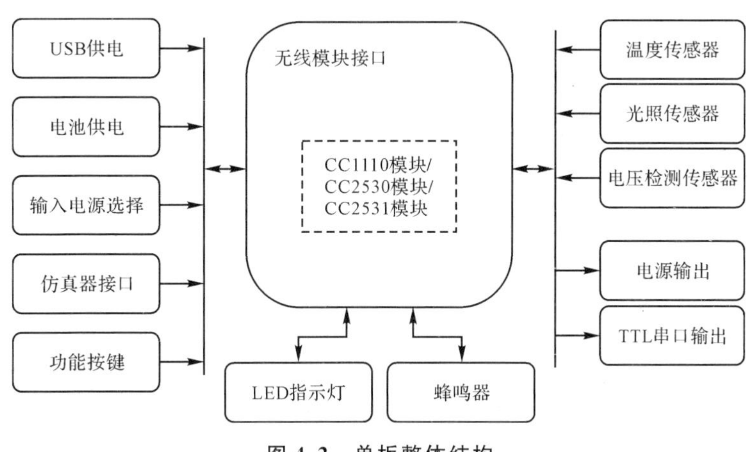

图 4.2　单板整体结构

4.2.3 电源及电源选择

外部电池或者 USB 供电。如表 4.3 所示是电源选择以及电源跳线帽接法,电源开关倒向 J2 电源选择跳线那一侧表示使用外部电池或者 USB 供电。

表 4.3　电源及电源选择

电源选择	J2 电源跳线帽接法	备　注
2 节 5 号电池供电		
USB 接口供电		
仿真器供电	电源开关倒向 D2 电源灯那一侧	

4.2.4 模块输入接口

CC2540 芯片中集成的处理器采用兼容 8051 内核的结构及指令系统,该内核通过 3 种不同的内存访问总线(SFR、DATA 和 CODE/XDATA)对内存进行访问控制,SFR 总线负责将所有的外设同内存仲裁相连接,还负责 CPU 与射频寄存器之间的交互。内存仲

裁通过 SFR 总线将 CPU、DMA 模块、存储器以及其他外设连接在一起。CC2540 模块接口电路如图 4.3 所示，外围电路包含 1 个 32 MHz 和 1 个 32.768 kHz 石英晶振，RF_N 和 RF_P 为射频天线接口。

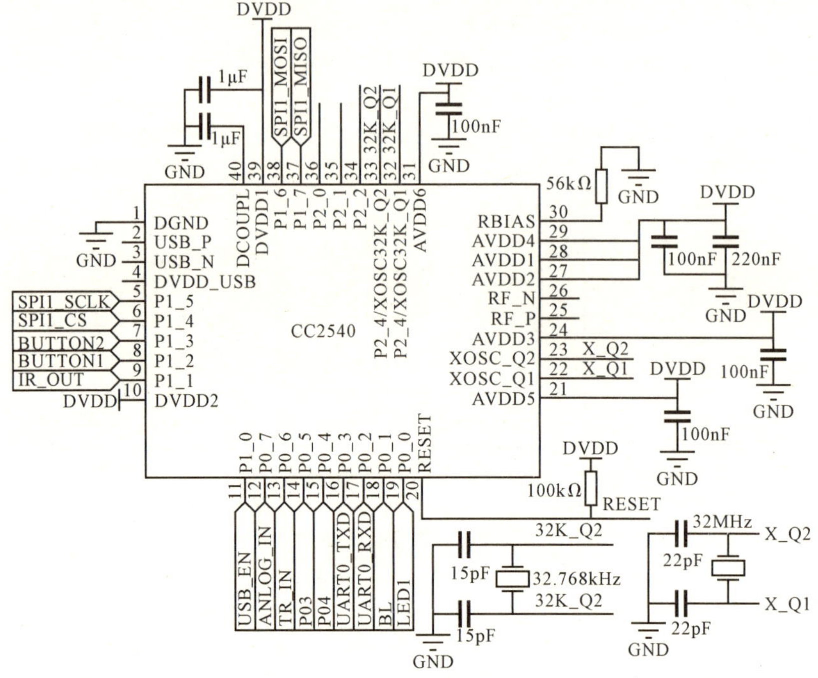

图 4.3　CC2540 模块接口

图 4.3 是 CC2540 模块接口图，只有使用 CC2540 这种带 USB 接口的模块，才需要连接第 21～24 引脚。

4.2.5 仿真器接口

电源开关倒向 D2 灯那一侧。

各引脚定义如表 4.4 所示：

表 4.4　各引脚定义

引脚编号	信号名称	CC2540 对应引脚	备　注
1	GND	GND	Power Ground
2	VDD_3P3V	VDD_3P3V	Power Supply, 3.3V DC
3	DC	P2_2	Debug Clock
4	DD	P2_1	Debug Data
5	P1_4	P1_4	GP10, Input/Output
6	P1_5	P1_5	GP10, Input/Output

续　表

引脚编号	信号名称	CC2540 对应引脚	备　注
7	NRESET	NRESET	Chip reset，active low.
8	P1_6	P1_6	GP10，Input/Output
9	VCC	VCC	VCC Power from target
10	P1_7	P1_7	GP10，Input/Output

表 4.4 是仿真器接口各引脚定义，J6 接口选择是否启用无线协议分析功能，J6 接口上 3-4、5-6、7-8、9-10。

4.2.6 LED 指示灯

LED 引脚分配如表 4.5 所示：

表 4.5　LED 引脚分配

LED 编号	LED 颜色	信号名称	备　注
D2	红色	VDD_3.3V	电源 3.3V
D3(Data)	绿色	P1_0	输出低电平点亮
D4(Link)	黄色	P1_1	输出低电平点亮
D5(Error)	红色	P2_0	输出低电平点亮

表 4.5 是 LED 指示灯各引脚分配情况。

4.2.7 功能按键

按键引脚分配如表 4.6 所示：

表 4.6　按键引脚分配

按键信号	信号名称	备　注
K1	P0_0	需短路 J12 上 9-10
K2	P0_1	需短路 J12 上 7-8
K3	P0_4	
Reset	NRESET	按键触发节点复位

表 4.6 按键是引脚分配情况，包括按键编号和信号名称以及各引脚使用备注。

4.2.8 传感器接口

传感器功能选择由 J12 的 1-2、3-4、5-6 如表 4.7 所示：

表 4.7　传感器功能选择

传感器名称	信号名称	备　　注
温度传感器	P0_6	短路 J12 上 3-4 打开温度检测
光敏传感器/电压检测	P0_7	短路 J12 上 1-2 打开光敏/电压检测
蜂鸣器	P0_5	短路 J12 上 5-6 打开蜂鸣器报警提醒，输出高电平蜂鸣器响。

表 4.7 是传感器功能选择表，J7 和 J10 设置是否启用 USB 接口。

J11 接口编号如表 4.8 所示：

表 4.8　J11 接口编号

接口编号	信号名称	备　　注
1	VDD_3.3V	与模块的 3.3V 电压相通
2	GND	电源参考地
3	VDD_5V	与 USB 接口的 VBUS 相通

表 4.8 是 J11 的接口编号和信号名称选择。

其他 IO 接口情况如表 4.9 所示：

表 4.9　其他 I/O 接口

编号	引脚名称	对应模块 I/O	备　注
1	P07	P0_7	
2	P06	P0_6	
3	P05	P0_5	
4	P04	P0_4	
5	P03	P0_3	
6	P02	P0_2	
7	P01	P0_1	
8	P00	P0_0	
9	P10	P0_0	
10	P11	P0_1	

表 4.9 是其他 I/O 接口编号的引脚名称以及对应模块 I/O。

J5 接口编号如表 4.10 所示：

表 4.10　J5 接口

编号	引脚名称	对应模块 I/O	备　注
1	GND	GND	电源池
2	AVDD	AVDD	电源正极，3.3V DC

续　表

编号	引脚名称	对应模块 I/O	备　注
3	DC	P2_2	
4	DD	P2_1	
5	P14	P1_4	
6	P15	P1_5	
7	NRESET	NRESET	连续低电平持续时间>100 ms 复位
8	P16	P1_6	
9	P20	P2_0	
10	P17	P1_7	

表 4.10 是 J5 的接口编号、各引脚名称以及对应模块 I/O。

第 5 章 CC2540 BLE 基础型开发套件

5.1 BLE 技术及 CC2540 芯片简介

5.1.1 BLE 技术

BLE 全称为 Bluetooth Low Energy，或者称为蓝牙 4.0，相较于传统蓝牙，其增加了低功耗模式，适合于有无线收发需求，而又对功耗有严格要求的应用场合，比如医疗、运动、家居等。另外，由于 IPHONE4S 及 NEW IPAD 以后的所有苹果产品均支持 BLE，引爆了全球研究、开发 BLE 产品的热潮。

蓝牙低能耗(BLE)技术是低成本、短距离、可互操作的鲁棒性无线技术，工作在免许可的 2.4 GHz ISM 射频频段。它从一开始就设计为超低功耗(ULP)无线技术，利用许多智能手段最大限度地降低功耗。

低功耗蓝牙(Bluetooth Low Energy，BLE)。蓝牙低能耗无线技术利用许多智能手段最大限度地降低功耗。

蓝牙 2.1+EDR/3.0+HS 版本(通常指“标准蓝牙技术”)与蓝牙低能耗(BLE)技术有许多共同点：它们都是低成本、短距离、可互操作的鲁棒性无线技术，工作在免许可的 2.4 GHz ISM 射频频段。

不过它们之间有一个重要区别：蓝牙低能耗技术从一开始就设计为超低功耗(ULP)无线技术，而标准蓝牙技术主要是能够构成“低功耗的”无线连接。

标准蓝牙技术是一种“面向连接”的无线技术，具有固定的连接时间间隔，因此是移动电话连接无线耳机等高活动连接的理想之选。相反，蓝牙低能耗技术采用可变连接时间间隔，这个间隔根据具体应用可以设置为几毫秒到几秒不等。另外，因为 BLE 技术采用非常快速的连接方式，因此平时可以处于“非连接”状态(节省能源)，此时链路两端相互只是知晓对方，只有在必要时才开启链路，然后在尽可能短的时间内关闭链路。

BLE 技术的工作模式非常适合用于从微型无线传感器(每半秒交换一次数据)或使用完全异步通信的遥控器等其他外设传送数据。这些设备发送的数据量非常少(通常几个字节)，而且发送次数也很少(例如每秒几次到每分钟一次，甚至更少)。

蓝牙低能耗架构共有 2 种芯片构成：单模芯片和双模芯片。蓝牙单模器件是蓝牙规范中新出现的一种只支持蓝牙低能耗技术的芯片——专门针对 ULP 操作优化的技术的一部分。蓝牙单模芯片可以和其他单模芯片及双模芯片通信，此时后者需要使用自身架构中的蓝牙低能耗技术部分进行收发数据。双模芯片也能与标准蓝牙技术及使用传统蓝牙架构的其他双模芯片通信。

双模芯片可以在目前使用标准蓝牙芯片的任何场合使用。这样安装有双模芯片的手机、PC、个人导航设备(PND)或其他应用就可以和市场上已经在用的所有传统标准蓝牙设备以及所有未来的蓝牙低能耗设备通信。然而，由于这些设备要求执行标准蓝牙和蓝牙低能耗任务，因此双模芯片针对 ULP 操作的优化程度没有像单模芯片那么高。

单模芯片可以用单节纽扣电池(如 3V、220mAh 的 CR2032)工作很长时间(几个月甚至几年)。相反，标准蓝牙技术(和蓝牙低能耗双模器件)通常要求使用至少 2 节 AAA 电池(电量是纽扣电池的 10～12 倍，可以容忍高得多的峰值电流)，并且更多情况下最多只能工作几天或几周的时间(取决于具体应用)。注意，也有一些高度专业化的标准蓝牙设备，它们可以使用容量比 AAA 电池低的电池工作。

蓝牙低能耗技术采用可变连接时间间隔，这个间隔根据具体应用可以设置为几毫秒到几秒不等。另外，因为 BLE 技术采用非常快速的连接方式，因此平时可以处于“非连接”状态(节省能源)，此时链路两端相互间只是知晓对方，只有在必要时才开启链路，然后在尽可能短的时间内关闭链路。

BLE 技术的工作模式非常适合用于从微型无线传感器(每半秒交换一次数据)或使用完全异步通信的遥控器等其他外设传送数据。这些设备发送的数据量非常少(通常几个字节)，而且发送次数也很少(例如每秒几次到每分钟一次，甚至更少)。

蓝牙低能耗技术的 3 大特性成就了 ULP 性能，这 3 大特性分别是最大化的待机时间、快速连接和低峰值的发送/接收功耗。

无线“开启”的时间只要不是很短就会令电池寿命急剧降低，因此任何必需的发送或接收任务需要很快完成。被蓝牙低能耗技术用来最小化无线开启时间的第一个技巧是仅用 3 个“广告”信道搜索其他设备，或向寻求建立连接的设备宣告自身存在。相比之下，标准蓝牙技术使用了 32 个信道。

这意味着蓝牙低能耗技术扫描其他设备只需“开启”0.6～1.2 ms 时间，而标准蓝牙技术需要 22.5 ms 时间来扫描它的 32 个信道。结果蓝牙低能耗技术定位其他无线设备所需的功耗要比标准蓝牙技术低 10～20 倍。

值得注意的是，使用 3 个广告信道是某种程度上的妥协：这是在频谱非常拥挤的部分，对“开启”时间(对应于功耗)和鲁棒性的一种折衷(广告信道越少，另外一个无线设备在选用频率上广播的机会就越多，就越容易造成信号冲突)。不过该规范的设计师对于平衡这种妥协相当有信心——比如，他们选择的广告信道不会与 Wi-Fi 默认信道发生冲突，如表 5.1 所示。

表 5.1　蓝牙低能耗技术的广告信道

Frequency(MHz)	Bluetooth low energy Advertising channel	Bluetooth low energy Data channel	Wi-Fi Channel
2 480	39		
2 478		36	
2 476		35	
2 474		34	
2 472		33	11

续 表

Frequency(MHz)	Bluetooth low energy Advertising channel	Bluetooth low energy Data channel	Wi-Fi Channel
2 470		32	11
2 468		31	11
2 466		30	11
2 464		29	11
2 462		28	11
2 460		27	11
2 458		26	11
2 456		25	11
2 454		24	11
2 452		23	11
2 450		22	
2 448		21	6
2 446		20	6
2 444		19	6
2 442		18	6
2 440		17	6
2 438		16	6
2 436		15	6
2 434		14	6
2 432		13	6
2 430		12	6
2 428		11	6
2 426	38		
2 424		10	
2 422		9	1
2 420		8	1
2 418		7	1
2 416		6	1
2 414		5	1
2 412		4	1
2 410		3	1

续　表

Frequency(MHz)	Bluetooth low energy Advertising channel	Bluetooth low energy Data channel	Wi-Fi Channel
2 408		2	1
2 406		1	1
2 404		0	1
2 402	37		1

表 5.1 是蓝牙低能耗技术的广告信道表，一旦连接成功后，蓝牙低能耗技术就会切换到 37 个数据信道之一。在短暂的数据传送期间，无线信号将使用标准蓝牙技术倡导的自适应跳频(AFH)技术，以伪随机的方式在信道间切换(虽然标准蓝牙技术使用 79 个数据信道)。

要求蓝牙低能耗技术无线开启时间最短的另一个原因是它具有 1 Mbps 的原始数据带宽——更大的带宽允许在更短的时间内发送更多的信息。举例来说，具有 250 kbps 带宽的另一种无线技术发送相同信息需要开启的时间要长 8 倍(消耗更多电池能量)。

蓝牙低能耗技术“完成”一次连接(即扫描其他设备、建立链路、发送数据、认证和适当地结束)只需 3 ms，而标准蓝牙技术完成相同的连接周期需要数百毫秒。此外，无线开启时间越长，消耗的电池能量就越多。

蓝牙低能耗技术还能通过 2 种其他方式限制峰值功耗：采用更加“宽松的”射频参数以及发送很短的数据包。2 种技术都使用高斯频移键控(GFSK)调制，但蓝牙低能耗技术使用的调制指数是 0.5，而标准蓝牙技术是 0.35。0.5 的指数接近高斯最小频移键控(GMSK)方案，可以降低无线设备的功耗要求(这方面的原因比较复杂，本文暂不赘述)。更低调制指数还有两个好处，即提高覆盖范围和增强鲁棒性。

标准蓝牙技术使用的数据包长度较长。在发送这些较长的数据包时，无线设备必须在相对较高的功耗状态保持更长的时间，从而容易使硅片发热。这种发热将改变材料的物理特性，进而改变传送频率(中断链路)，除非频繁地对无线设备进行再次校准。而再次校准将消耗更多的功率(并且要求闭环架构，使得无线设备更加复杂，从而推高设备价格)。

相反，蓝牙低能耗技术使用非常短的数据包——这能使硅片保持在低温状态。因此，蓝牙低能耗收发器不需要将耗能再次校准和闭环架构。

5.1.2 BLE 协议栈解析

TI 公司推出的蓝牙 4.0 BLE 协议栈包含 2 部分：主机和控制器。协议栈的实现方式采用分层的思想：控制器部分包括物理层、链路层、主机控制接口层；主机部分包括逻辑链路控制及自适应协议层、安全管理层、属性协议层、通用访问配置文件层、通用属性配置文件层；上层可以调用下层提供的函数来实现需要的功能。

蓝牙 4.0 BLE 协议栈中，有 3 个变量至关重要：

(1)tasksCnt，该变量保存了任务的总个数。该变量的声明为“uint8 tasksCnt”，其中 uint8 的定义为“typedef unsigned char uint8”。

(2)tasksEvents，这是一个指针，指向了事件表的首地址。该变量的声明为“uint16 *

tasksEvents”，其中 uint16 的定义为“typedef unsigned short uint16”。

(3)tasksArr，这是一个数组，该数组的每一项都是一个函数指针，指向了事件处理函数。该数组的声明为“pTaskEventHandlerFn tasksArr[ ]”，其中 pTaskEventHandlerFn 定义如下：

```
typedef unsigned short( * pTaskEventHandlerFn)(unsignedchar task_id, unsigned short event)
```

这是定义了一个函数指针。因此，tasksArr 数组的每一项都是一个函数指针，指向了对应的事件处理函数。

可以将 BLE 协议栈的运行机制总结为：通过不断地轮询事件表来判断是否有事件发生，如果有事件发生，则查找函数表找到对应的事件处理函数对事件进行处理。事件表使用数组来实现，数组的每一项对应一个任务的事件，每一位表示一个事件；函数表使用函数指针数组来实现，数组的每一项是一个函数指针，指向了事件处理函数。

5.2 BLE 开发环境的搭建

5.2.1 硬件准备

要进行 BLE 的开发，首先需要一个硬件环境如图 5.1 所示：

(1)MT254xBoard 开发板(最好有 2 块，方便进行数据收发实验)；

(2)USBDongle-BLE 抓包工具(多个固件，一个硬件多种用途)，协议开发时辅助分析数据包；

(3)开发必备 CC-Debug，用于下载和调试程序。

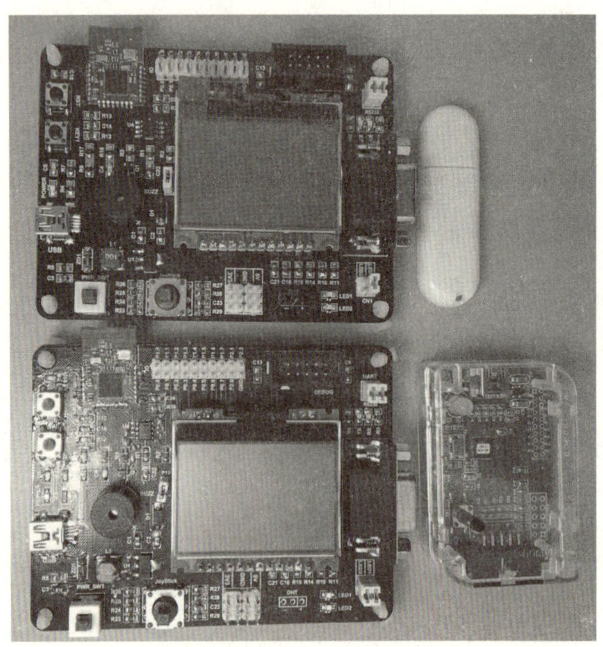

图 5.1 BLE 开发的硬件准备

图 5.1 是 BLE 开发的硬件所需，包括 MT254xBoard 开发板，USBDongle-BLE 抓包工具以及 CC-Debug。

5.2.2 BLE 协议栈开发平台配置

TI 公司免费的蓝牙 4.0 BLE 软件开发套件是完整地支持单模蓝牙 4.0 BLE 应用开发的平台，它基于 CC2540/CC2541 射频单片机，是一套完整的 SoC 解决方案。

蓝牙 4.0 BLE 软件开发平台支持 2 种不同的应用开发配置：

(1)单一设备

控制器、主机、配置文件、应用程序在一片 CC2540 上实现，这是最简单和最常见的配置。这种方式能提供最低的成本和功耗，大部分实际应用都采用这种方式。Simple BLE Peripheral 和 Simple BLE Central 示例工程都是采用单一设备的配置方式。

(2)网络处理器

控制器和主机部分在 CC2540 上执行，而应用程序和 Profiles 在另一个设备执行。应用程序和 Profiles 通过厂商特定的 HCI 命令与 CC2540 通信，这一过程需要使用硬件或 UART 接口，或者通过 USB 使用虚拟的 UART 接口。网络处理器配置适用于应用程序在另一个设备(外部微控制器或 PC)上运行的情况。在这种情况下，应用程序可以在外部独立开发，而协议栈仍然在 CC2540 上运行。要使用网络处理器，HostTestRelease 工程必须使用。

5.2.3 BLE 协议栈的安装

使用的是最新版本的协议栈 BLE-CC254x-1.4.0，首先在配套的资料文件夹中的 tools 文件夹下找到 BLE-CC254x-1.4.0.exe 文件，如图 5.2 所示。

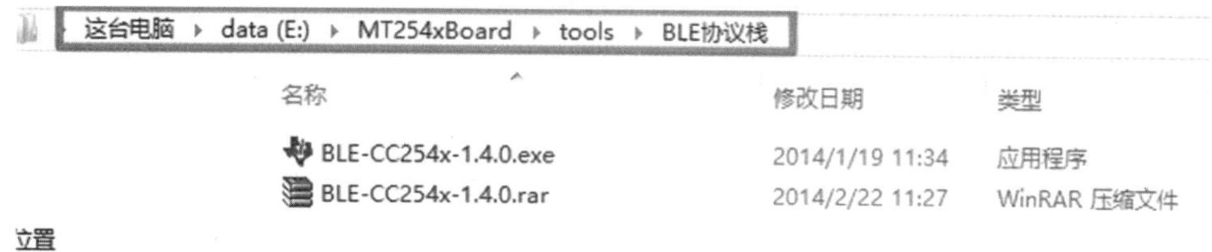

图 5.2　BLE-CC254x-1.4.0.exe 文件

建议使用安装包安装到 C 盘，直接使用免安装源码在后期的开发中会遇到一些问题。下面开始安装协议栈，安装方式很简单，和安装软件一样，直接下一步到底即可。

开始安装如图 5.3 所示：

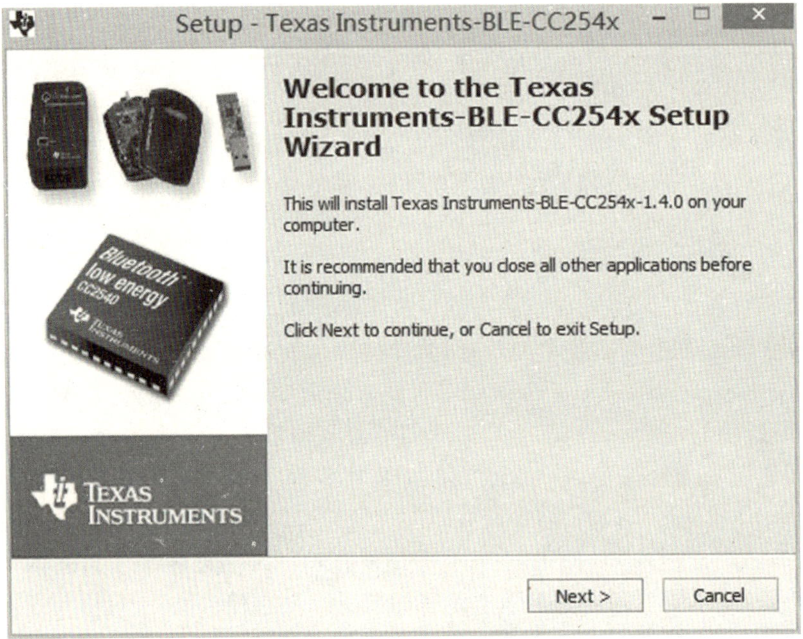

图 5.3　开始安装界面

同意安装如图 5.4 所示：

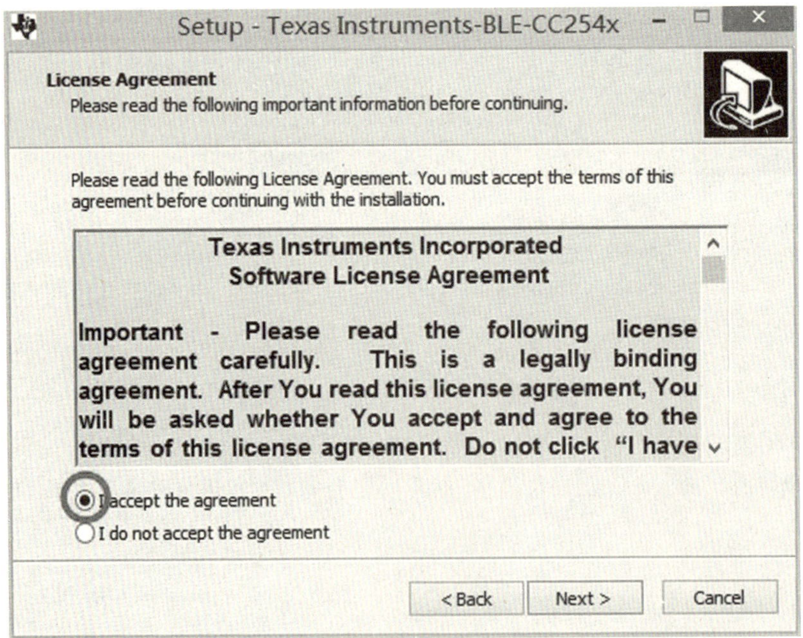

图 5.4　同意安装界面

选择 C 盘如图 5.5 所示：

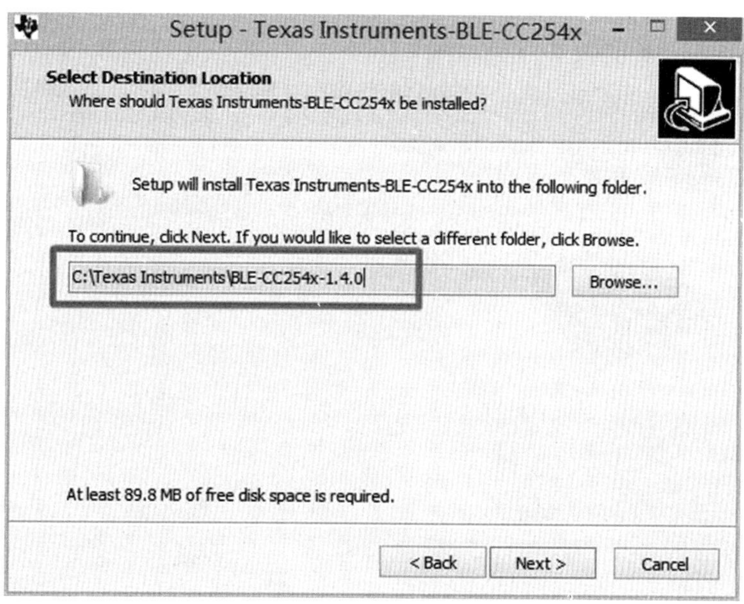

图 5.5　选择安装位置界面

按照上述步骤，直到完成安装即可。在安装的最后阶段，默认安装 BTool。安装 BTool 如图 5.6 所示：

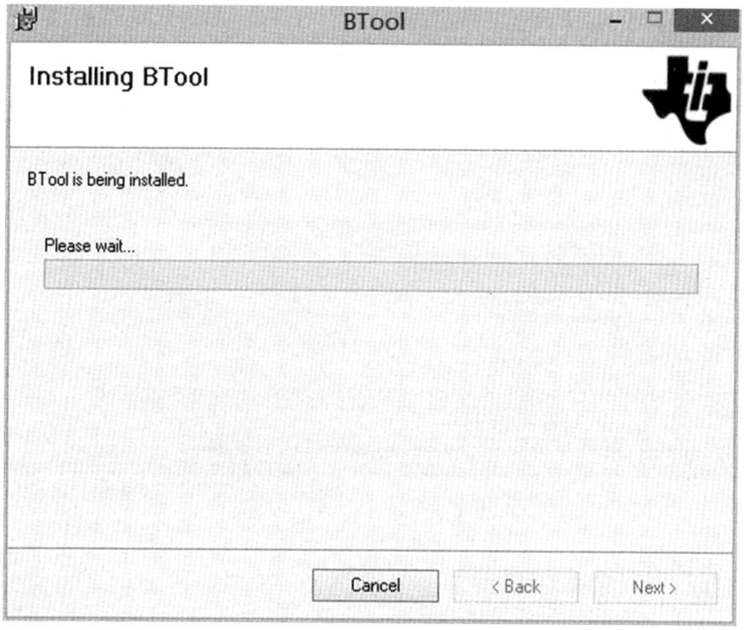

图 5.6　安装 BTool 界面

安装完成如图 5.7 所示：

图 5.7　安装完成界面

至此，说明已经成功安装了协议栈，完成后将会出现说明文件如图 5.8 所示。

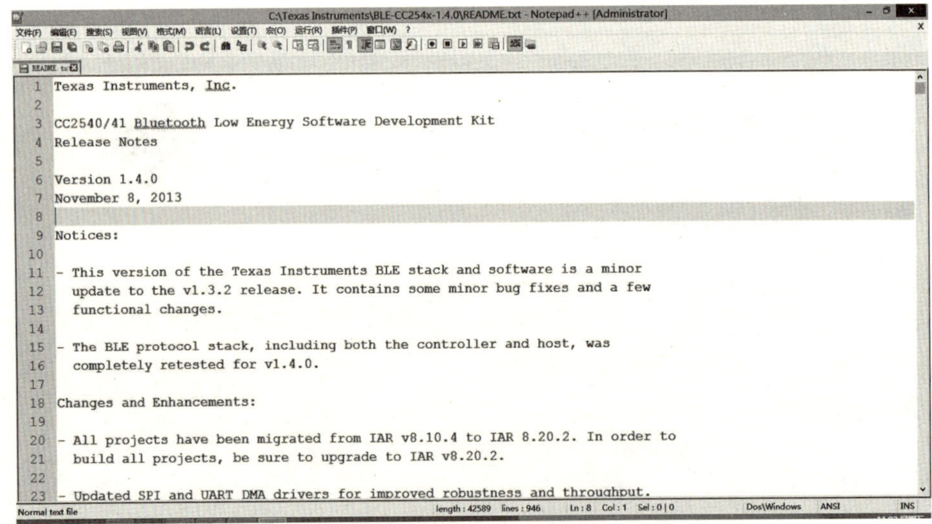


```
Texas Instruments, Inc.

CC2540/41 Bluetooth Low Energy Software Development Kit
Release Notes

Version 1.4.0
November 8, 2013

Notices:

- This version of the Texas Instruments BLE stack and software is a minor
  update to the v1.3.2 release. It contains some minor bug fixes and a few
  functional changes.

- The BLE protocol stack, including both the controller and host, was
  completely retested for v1.4.0.

Changes and Enhancements:

- All projects have been migrated from IAR v8.10.4 to IAR 8.20.2. In order to
  build all projects, be sure to upgrade to IAR v8.20.2.

- Updated SPI and UART DMA drivers for improved robustness and throughput.
```

图 5.8　协议栈说明文件

在说明文件中可以看到，这个版本的协议栈需要使用 IAR for 8051 8.20.2 版本的软件，如图 5.9 所示。

```
- The BLE protocol stack, including both the controller and host, was
  completely retested for v1.4.0.

Changes and Enhancements:

- All projects have been migrated from IAR v8.10.4 to IAR 8.20.2. In order to
  build all projects, be sure to upgrade to IAR v8.20.2.

- Updated SPI and UART_DMA drivers for improved robustness and throughput.

- Added an overlapped processing feature to improve throughput and reduce power
  consumption in devices where peak power consumption isn't an issue.    Overlappec
  the stack to concurrently process while the radio
  is active.  Since the stack is concurrently processing, it is able to insert
  new data in the Tx buffer during the connection event, causing additional
  packets to be sent before the end of the event.

- Added a Number of Completed Packets HCI command which offers the possibility
```

图 5.9　协议栈内容

注:如果使用的是 Win8 以上的系统,建议使用 IAR for 8051 8.30.2 版本的软件,安装方式和 8.20.2 是一样的。

下面开始安装这个版本的软件。

5.2.4 IAR 安装

在配套的文件目录下找到如图 5.10 所示的文件:

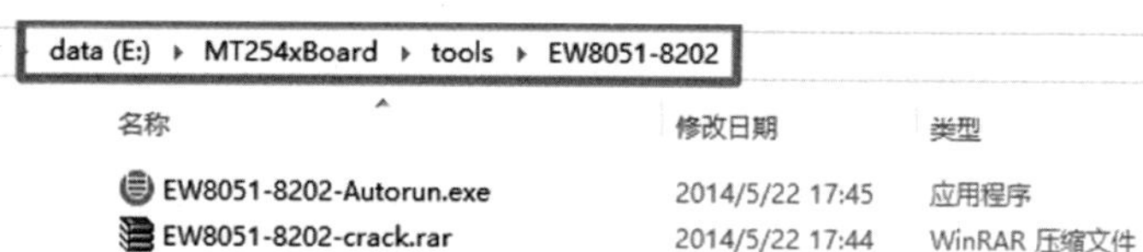

图 5.10　IAR 安装文件

安装 IAR 如图 5.11～5.17 所示:

图 5.11　IAR 安装界面

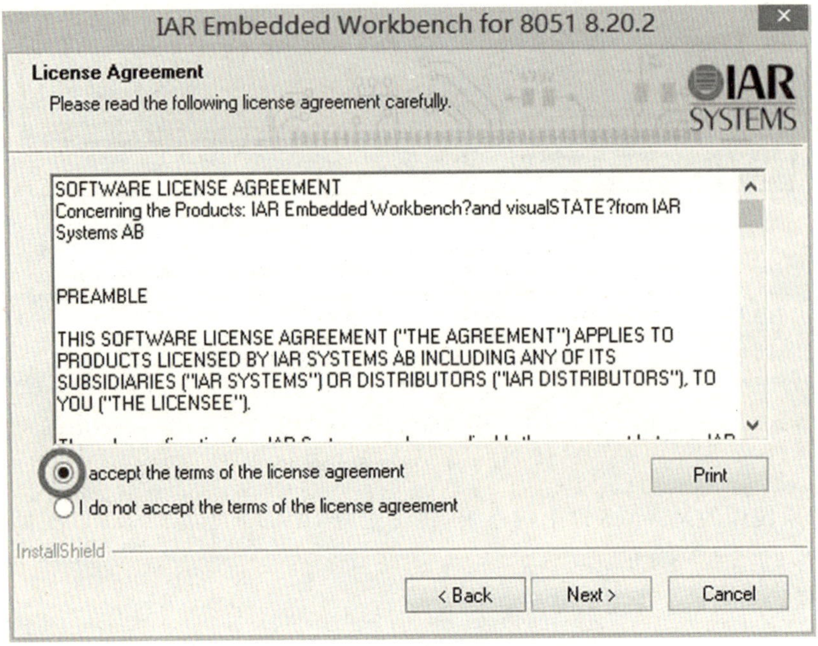

图 5.12　IAR 安装界面

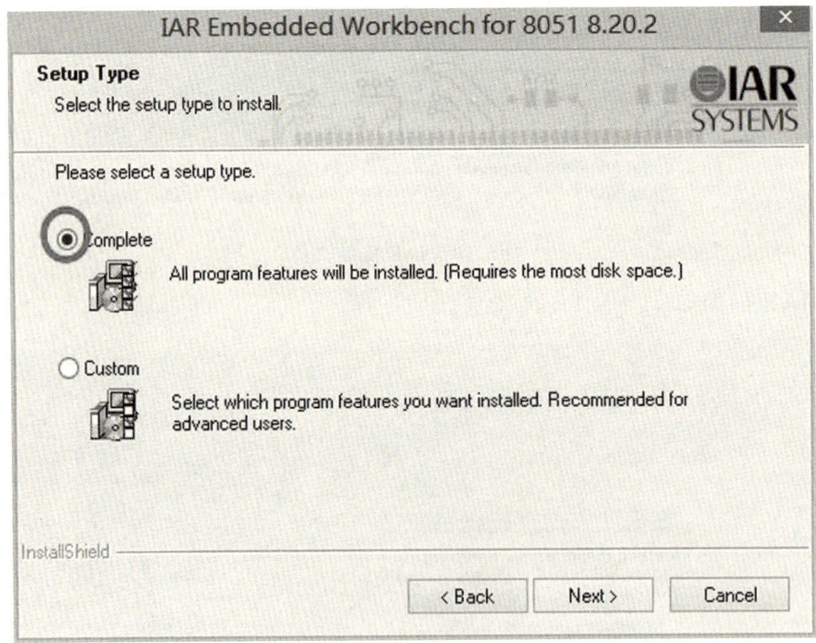

图 5.13　IAR 安装界面

IAR Embedded Workbench for 8051 8.20.2
Choose Destination Location
Select folder where setup will install files.
IAR SYSTEMS
Install IAR Embedded Workbench for 8051 to:
C:\...\IAR Systems\Embedded Workbench 6.4
Change...
InstallShield
< Back
Next >
Cancel

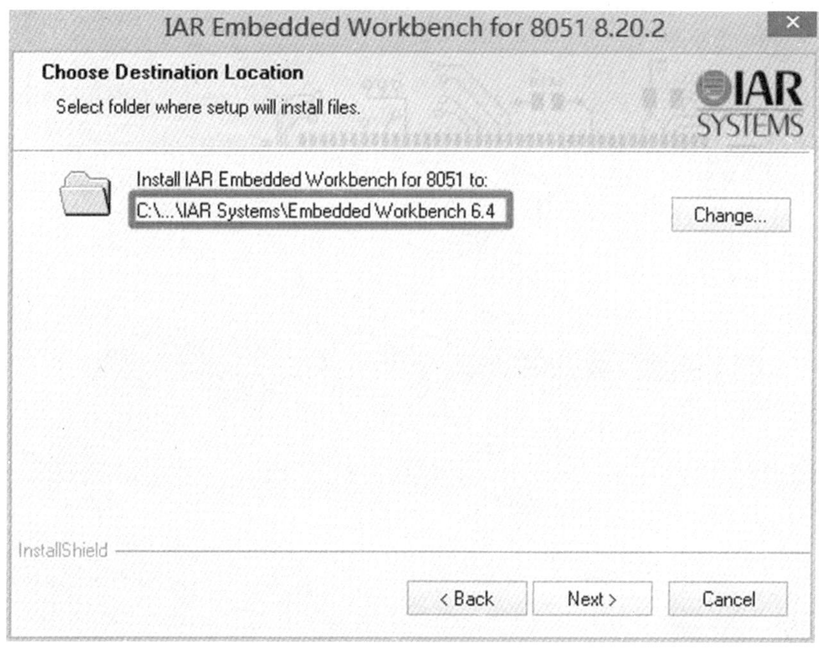

图 5.14　IAR 安装位置选择

IAR Embedded Workbench for 8051 8.20.2
Select Program Folder
Please select a program folder.
IAR SYSTEMS
Setup will add program icons to the Program Folder listed below. You may type a new folder name, or select one from the existing folders list. Click Next to continue.
Program Folder:
IAR Embedded Workbench for 8051 8.20
Existing Folders:
3D XML Player 12.36.12304
Accessibility
Accessories
Administrative Tools
Adobe
Altium
ASUS
Atmel
ATMEL Corporation
InstallShield
< Back
Next >
Cancel

图 5.15　IAR 安装选择

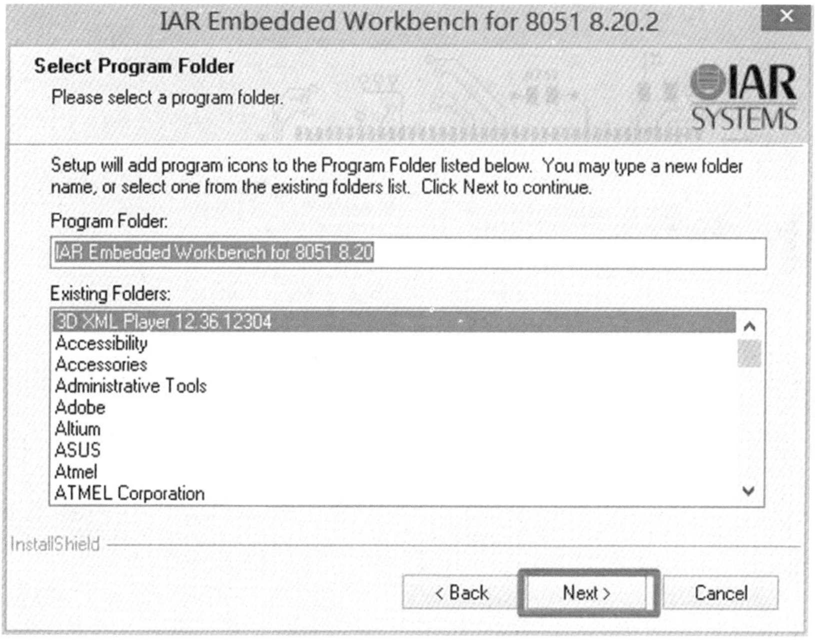

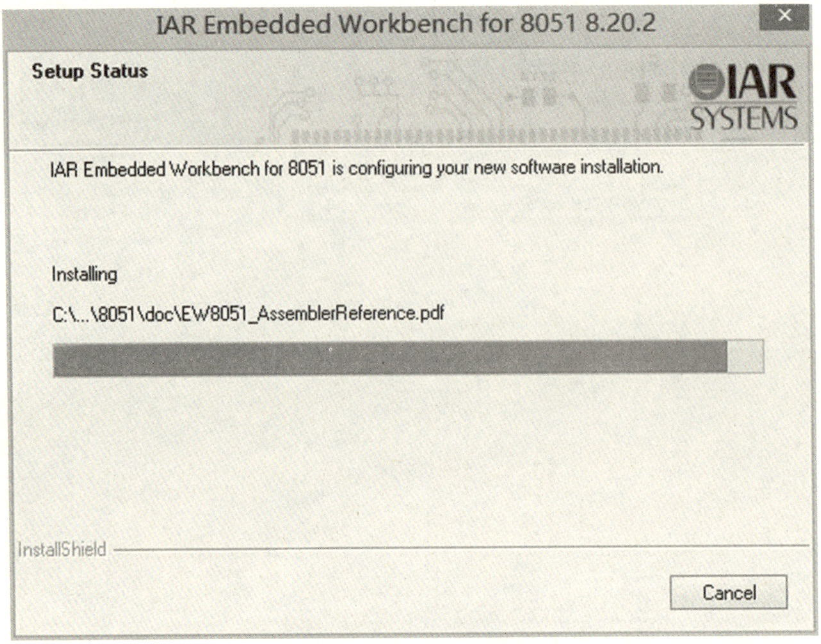

IAR Embedded Workbench for 8051 8.20.2
Setup Status
IAR SYSTEMS
IAR Embedded Workbench for 8051 is configuring your new software installation.
Installing
C:\...\8051\doc\EW8051_AssemblerReference.pdf
InstallShield
Cancel

图 5.16　IAR 安装进度界面

IAR Embedded Workbench for 8051 8.20.2
Setup Status
IAR Embedded Workbench for 8051 - InstallShield Wizard
IAR Systems Setup is about to install dongle drivers on your system.
The driver installation for USB dongles might fail if a USB dongle is attached to your computer during the installation!
To continue with the dongle driver installation, remove all USB dongles and click Yes. To skip the dongle driver installation and continue with the rest of the installation, click No.
是(Y)
否(N)

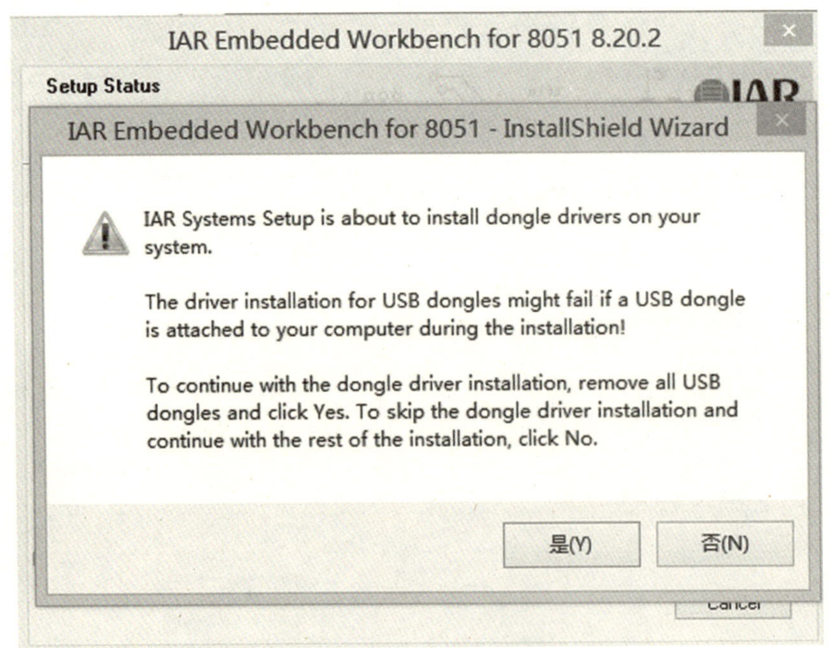

图 5.17　IAR 安装进度界面

点击“是”开始安装 Dongle 驱动如图 5.18、5.19 所示：

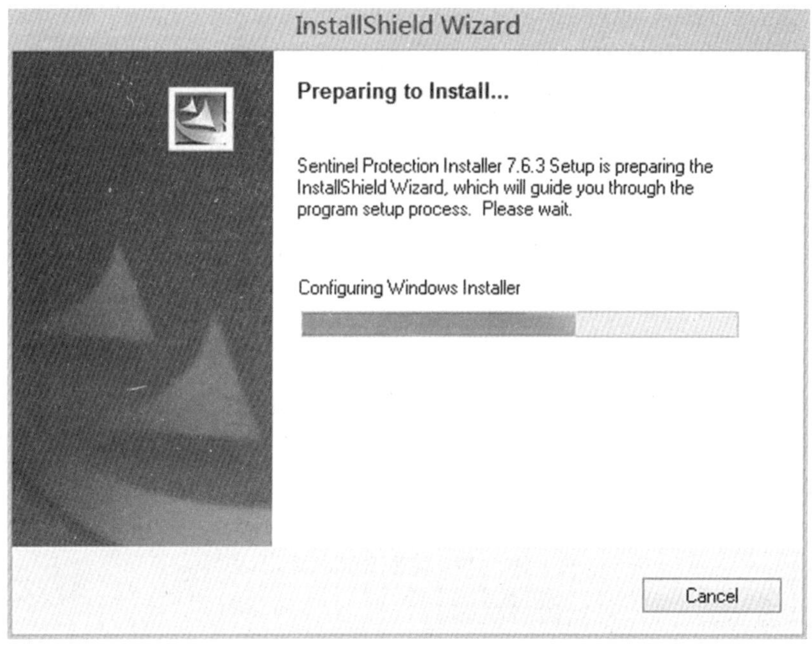

图 5.18　安装 Dongle 驱动

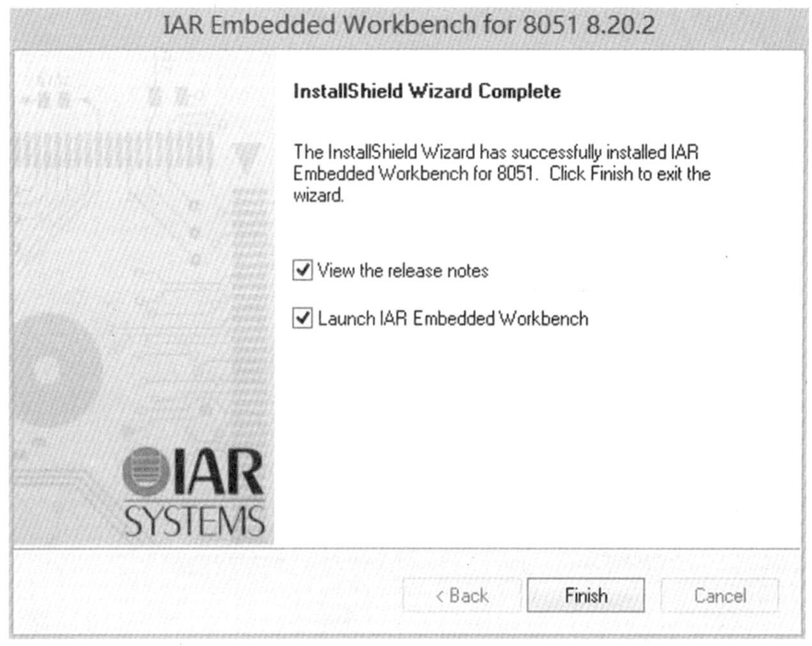

图 5.19　安装完成界面

到这步，说明 IAR 已经安装完成，先开启软件来体验一下安装成果如图 5.20 所示。

图 5.20　体验 IAR 界面

5.2.5 安装烧写软件

如图 5.21 所示：

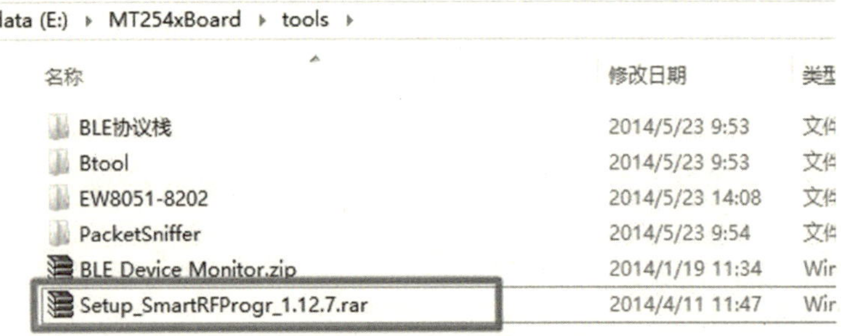

图 5.21　烧写软件

解压后可以看到如图 5.22～5.25 所示文件：

图 5.22　解压烧写软件

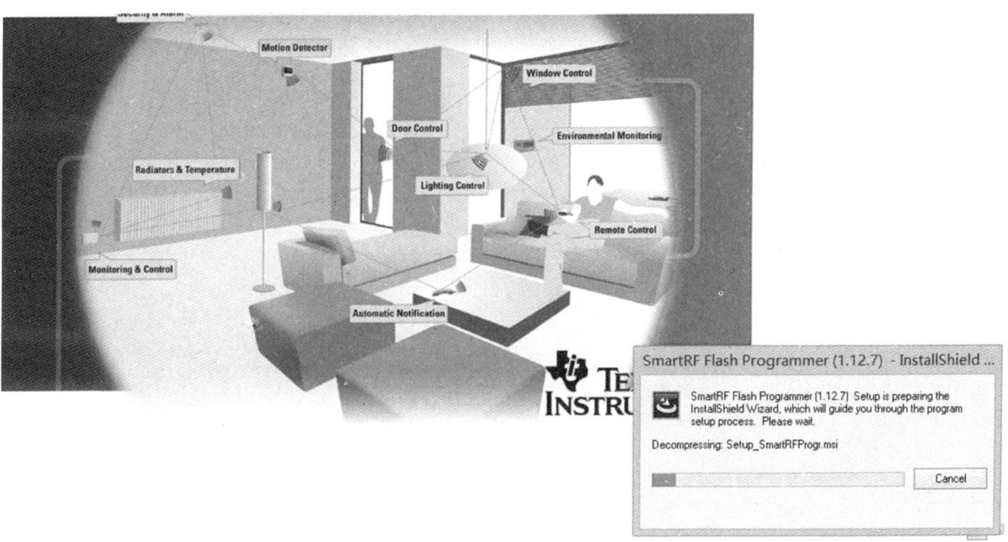

图 5.23　解压烧写软件

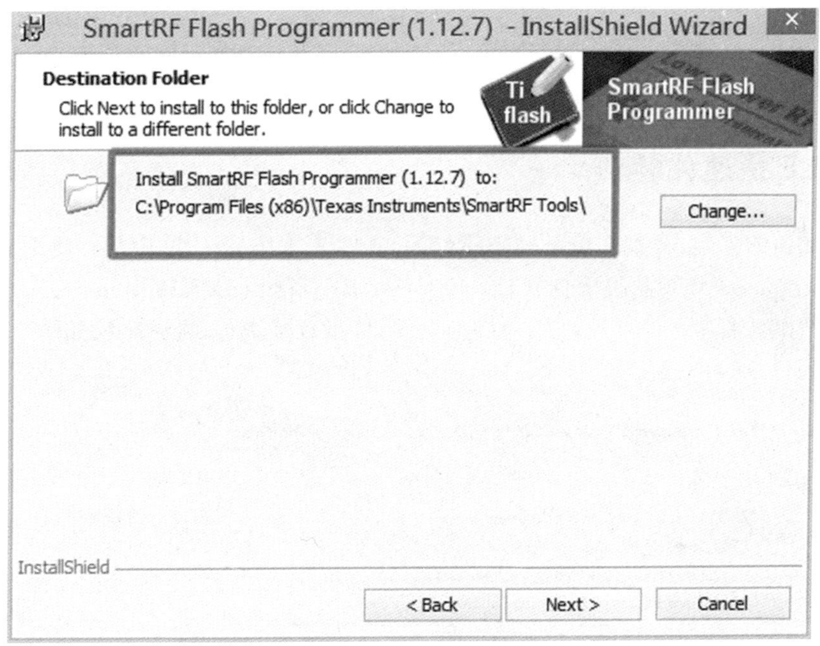

图 5.24　安装目录选择

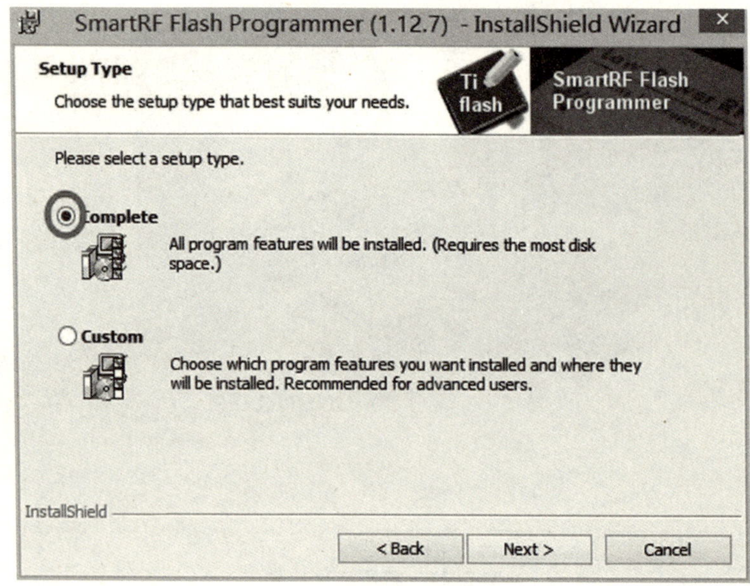

图 5.25　烧写软件安装

直接下一步到最终即可。

至此，目前需要用到的开发软件就安装完成了。

5.3　BLE 快速体验

经过前面的安装，开发环境已经搭建好了，现在先来体验一下 BLE！使用 SmartRF-Flash Programmer 烧写从机固件：CC2540_SmartRF_SimpleBLEPeripheral.hex。

协议栈默认自带了一些已经编译好的文件，可以直接烧写，具体路径如图 5.26 所示。

从机固件路径：

OS (C:) ▸ Texas Instruments ▸ BLE-CC254x-1.4.0 ▸ Accessories ▸ HexFiles

名称	修改日期	类型
CC2540_keyfob_SimpleBLEPeripheral.hex	2013/11/8 17:46	HEX 文件
CC2540_SmartRF_HostTestRelease_All.hex	2013/11/8 17:44	HEX 文件
CC2540_SmartRF_SimpleBLECentral.hex	2013/11/8 17:45	HEX 文件
CC2540_SmartRF_SimpleBLEPeripheral.hex	2013/11/8 17:46	HEX 文件
CC2540_USBdongle_HIDAdvRemoteDongle.hex	2013/11/8 17:45	HEX 文件
CC2540_USBdongle_HostTestRelease_All.hex	2013/11/8 17:44	HEX 文件
CC2540MiniDkDemoSlave.hex	2013/11/8 17:45	HEX 文件
CC2541_ARC_HIDAdvRemote.hex	2013/11/8 17:44	HEX 文件
CC2541_keyfob_SimpleBLEPeripheral.hex	2013/11/8 17:46	HEX 文件
CC2541_SmartRF_HostTestRelease_All.hex	2013/11/8 17:43	HEX 文件
CC2541_SmartRF_SimpleBLECentral.hex	2013/11/8 17:45	HEX 文件
CC2541_SmartRF_SimpleBLEPeripheral.hex	2013/11/8 17:46	HEX 文件
CC2541DK_BIM_SensorTagOadImgA.hex	2013/11/8 17:46	HEX 文件
CC2541MiniDkDemoSlave.hex	2013/11/8 17:45	HEX 文件

图 5.26　从机固件路径

读取设备的 IEEE 地址如图 5.27 所示：

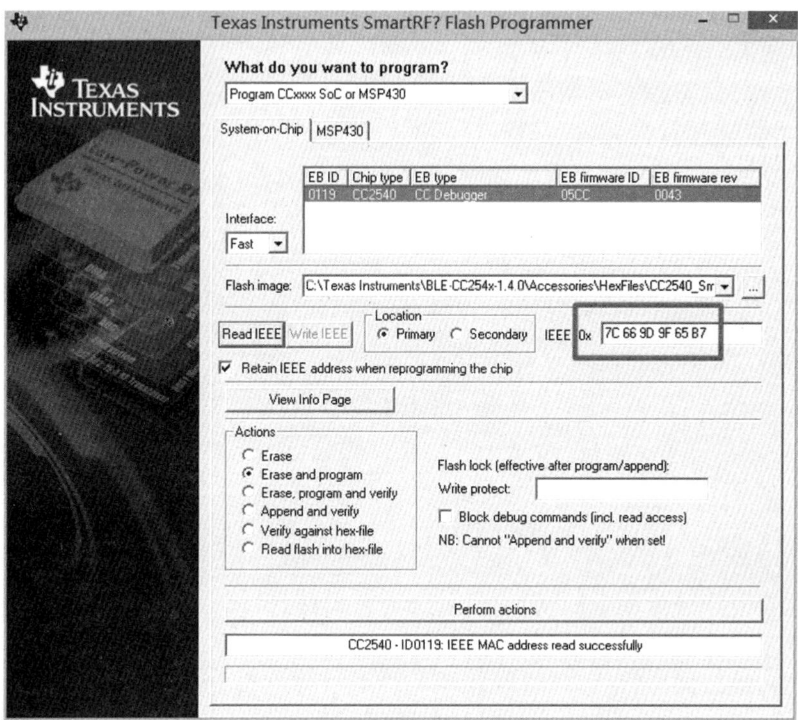

图 5.27　读取 IEEE 地址

烧写完成后，如果你有支持 BLE 的手机或平板就可以搜索到设备了，或者使用 USB-Dongle(抓包固件或 HostTestRelease 固件)也可以搜索到设备，这里用 andriod 平板搜索如图 5.28 所示：

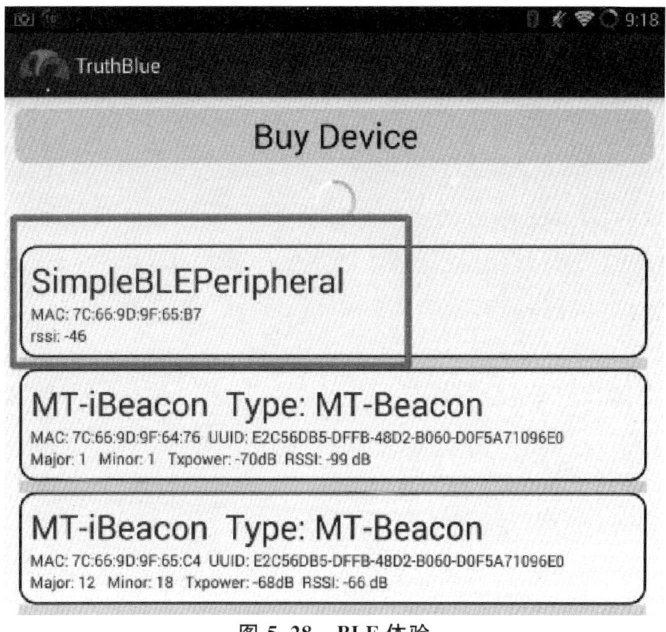

图 5.28　BLE 体验

通过 MAC 地址可以知道设备已经在正常的广播了,这里使用 andriod 端软件 TruthBlue 可以正常搜索到设备。如果用户手上有支持 BLE 的设备并且系统在 andriod4.3 以上也可以安装这个软件。

03

CHAPTER THREE

第 3 篇

物联网基础实验

本篇内容

学习本篇将能令你快速掌握 CC2540 的编程方法，因为今后你真正开始物联网工程实践后，会发现，很多应用必须是基于传感器和控制类芯片的，了解和掌握相应的传感器和芯片知识，是迈出物联网工程实践的第一步，而这些恰好是接下来基础实验的知识。

实验全部“裸奔”在开发板上，也就是没有任何操作系统，这一般用于一些简单任务的快速开发。本篇的讲解，抛开了操作系统和协议栈相关知识的影响，可以让大家直接从纯硬件层面上了解相关的传感器和芯片的知识，为今后基于操作系统的开发打下基础。

请先看以下的基础实验讲解格式，每一节都会以任务驱动方式讲解，并配以相关图文，以激发我们学习的热情，务求达到快速理解的效果，所有效果呈现图片都是程序正确运行时现场拍摄的，以务求代码的准确无误，不致误导广大读者。

(1)标题：基础实验内容

(2)任务要求及效果呈现：提出任务，并显示程序应实现的效果图。

(3)实验原理：对寄存器、代码、编程方法详细讲解。

(4)程序清单：关于本程序的程序清单。

第 6 章　GPIO 输出实验

6.1　让 LED 照亮世界

相信大部分人开始学习 MCU 都会从点亮 LED 开始，如同软件语言的学习都是从“Hello world!”之类的应用程序开始一样。对于物联网工程的学习也不例外，通过点亮第一个 LED 能让你对编译环境和程序架构有一定的认识。第一盏灯的点亮将不仅仅点亮了灯，也将点亮你的世界，使你对于今后物联网的学习充满希望。可以说灯就是我们的希望，灯就是我们的梦想！LED 灯控制的本质是利用 GPIO 口的数字输出功能，本节将通过 LED 例程，理解和掌握 GPIO 口的输出功能。

6.1.1　任务要求及效果呈现

任务很简单！要求打开开发板上的所有 3 个 LED，点亮世界！如图 6.1 所示：

图 6.1　点亮 LED

6.1.2 实验原理

首先查看开发板手册，了解 LED 引脚配置。如表 6.1 所示：

表 6.1　LED 引脚配置

LED 编号	LED 颜色	信号名称	备　注
D0	红色	VDD_3.3V	电源 3.3V
D1 (Data)	绿色	P1_0	输出低电平点亮
D2 (Link)	黄色	P1_1	输出低电平点亮
D3 (Error)	红色	P2_0	输出低电平点亮

实验手册上并没有关于这些 LED 的 SCH 原理图，但可以实测开发板关于这部分的电路，还原其原理图，如图 6.2 所示。

由图 6.2，要让所有 LED 点亮，把 P1_0、P1_1、P2_0 变为低电平即可，但还要看看低电平时，电流是否会超过 CC2540 的最大灌电流。经过实际测量，VCC＝3.3V 时，D3 上电流约 2.5 mA，而 P2_0 口具备 4 mA 驱动能力，故这样设计满足要求。P1_0，P1_1 驱动能力很大，有 20 mA 驱动能力，远高于约 2.5 mA 的 LED 灌电流。

以下关于 CC2540 的 GPIO 介绍，主要来自 CC2540 芯片手册。

CC2540 有 21 个数字输入/输出引脚，除了 2 个高驱动输出口 P1_0 和 P1_1 各具备 20 mA 的输出驱动能力之外，所有的输出均具备 4 mA 的驱动能力。

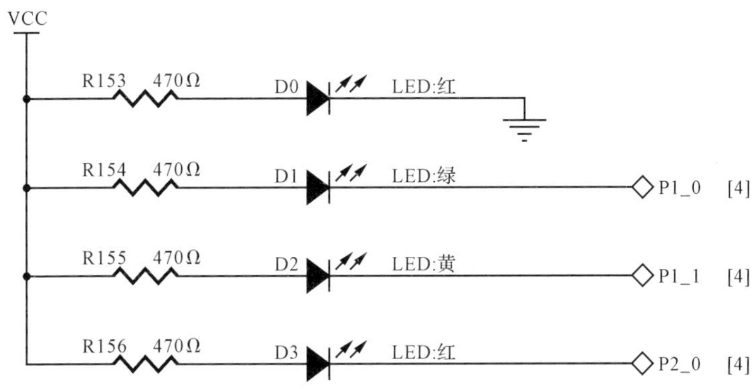

图 6.2　LED 电路原理图

引脚配置寄存器 PxSEL，其中 x 为端口的标号 0～2，用来设置端口的每个引脚为通用 I/O 或者是外部设备 I/O 信号。作为缺省的情况，每当复位之后，所有的数字输入/输出引脚都设置为通用输入引脚。

寄存器 PxDIR 用来设置每个端口引脚为输入或输出。因此只要设置 PxDIR 中的指定位为 1，其对应的引脚口就被设置为输出了。

用作输入时，通用 I/O 端口引脚可以设置为上拉、下拉或三态操作模式。作为缺省的情况，复位之后，所有的端口均设置为带上拉的输入。要取消输入的上拉或下拉功能，就要将 PxINP 中的对应位设置为 1。I/O 端口引脚 P1.0 和 P1.1，没有上拉/下拉功能。注意配置为外设 I/O 信号的引脚没有上拉/下拉功能，即使外设功能是一个输入。

除了这些，当作为通用输入端口时，所有 I/O 口还可以配置成输入中断和输入 DMA 触发。

但本例程实际上仅仅需要输出低电平，所有仅仅用到了 Px、PxDIR 和 PxSEL。关于这几个寄存器的说明如下所示：

P1——端口 1，如表 6.2 所示；

P2——端口 2，如表 6.3 所示；

P1SEL——端口 1 功能选择寄存器，如表 6.4 所示；

P2SEL——端口 2 功能选择寄存器，如表 6.5 所示；

P1DIR——端口 1 方向寄存器，如表 6.6 所示；

P2DIR——端口 2 方向寄存器，如表 6.7 所示。

表 6.2　P1(0x90)——端口 1

位	名称	复位	R/W	描　述
7:0	P1[7:0]	0xFF	R/W	端口 1。通用 I/O 端口。可以从 SFR 位寻址。该 CPU 内部寄存器可以从 XDATA (0x7090)读，但是不能写。

表 6.3　P2(0xA0)——端口 2

位	名称	复位	R/W	描　述
7:5	—	000	R0	未使用

续 表

位	名称	复位	R/W	描　　述
4:0	P2[4:0]	0x1F	R/W	端口 2。通用 I/O 端口。可以从 SFR 位寻址。该 CPU 内部寄存器可以从 XDATA (0x70A0)读,但是不能写。

表 6.4　P1SEL (0xF4)——端口 1 功能选择

位	名称	复位	R/W	描　　述
7:0	SELP1_[7:0]	0x00	R/W	P1.7 到 P1.0 功能选择 0：通用 I/O 1：外设功能

表 6.5　P2SEL (0xF5)——端口 2 功能选择和端口 1 外设优先级控制

位	名称	复位	R/W	描　　述
7	—	0	R0	没有使用
6	PRI3P1	0	R/W	端口 1 外设优先级控制。当模块被指派到相同引脚的时候,这些位确定哪个模块优先。 0：USART 0 优先 1：USART 1 优先
5	PRI2P1	0x00	R/W	端口 1 外设优先级控制。当 PERCFG 分配 USART1 和定时器 3 到相同引脚的时候,这些位确定优先次序。 0：USART 1 优先 1：定时器 3 优先
4	PRI1P1	0x00	R/W	端口 1 外设优先级控制。当 PERCFG 分配定时器 1 和定时器 4 到相同引脚的时候,这些位确定优先次序。 0：定时器 1 优先 1：定时器 4 优先
3	PRI0P1	0x00	R/W	端口 1 外设优先级控制。当 PERCFG 分配 USART 0 和定时器 1 到相同引脚的时候,这些位确定优先次序。 0：USART 0 优先 1：定时器 1 优先
2	SELP2_4	0x00	R/W	P2.4 功能选择 0：通用 I/O 1：外设功能
1	SELP2_3	0x00	R/W	P2.3 功能选择 0：通用 I/O 1：外设功能
0	SELP2_0	0x00	R/W	P2.0 功能选择 0：通用 I/O 1：外设功能

表 6.6　P1DIR (0xFE)——端口 1 方向

位	名称	复位	R/W	描　　述
7:0	DIRP1_[7:0]	0x00	R/W	P1.7 到 P1.0 的 I/O 方向 0：输入 1：输出

表 6.7　P2DIR (0xFF)——端口 2 方向和端口 0 外设优先级控制

位	名称	复位	R/W	描　　述
7:6	PRIP0[1:0]	0x00	R/W	端口 0 外设优先级控制。当 PERCFG 分配给一些外设到相同引脚的时候，这些位将确定优先级。 详细优先级列表： 00： 第 1 优先级：USART 0 第 2 优先级：USART 1 第 3 优先级：定时器 1 01： 第 1 优先级：USART 1 第 2 优先级：USART 0 第 3 优先级：定时器 1 10： 第 1 优先级：定时器 1 通道 0-1 第 2 优先级：USART 1 第 3 优先级：USART 0 第 4 优先级：定时器 1 通道 2-3 11： 第 1 优先级：定时器 1 通道 2-3 第 2 优先级：USART 0 第 3 优先级：USART 1 第 4 优先级：定时器 1 通道 0-1
5	—	0	R0	不使用
4:0	DIRP2_[4:0]	0 0000	R/W	P2.4 到 P2.0 的 I/O 方向 0：输入 1：输出

冗长的介绍终于说完，现在到了编程序的时刻了。

按照表格说明，控制 LED 代码如下：

```
/* set direction for GPIO outputs  */
P1SEL &= 0xFC;  //选择 P1_0、P1_1 口通用 GPIO
P2SEL &= 0xFE;  //选择 P2_0 口作为通用 GPIO
P1DIR |= 0x3;   //设置 P1 口为输出口
P2DIR |= 0x1;   //设置 P2 口为输出口
LED1=LED2=LED3=0;   //点亮 3 盏 LED
```

6.1.3 程序清单

```
#include " hal_types.h "
#include " OnBoard.h "
#include " hal_led.h "
#define LED1          P1_0        //Green
#define LED2          P1_1        //Yellow
#define LED3          P2_0        //Red
void hal_board_init()
{
  uint16 i;
  SLEEPCMD &= ~OSC_PD;                    /* turn on 16MHz RC and 32MHz XOSC */
  while (! (SLEEPSTA & XOSC_STB));          /* wait for 32MHz XOSC stable */
  asm(" NOP ");                           /* chip bug workaround */
  for (i=0; i<504; i++) asm(" NOP ");       /* Require 63us delay for all revs */
  CLKCONCMD = (CLKCONCMD_32MHZ | OSC_32kHZ); /* Select 32MHz XOSC
  and the source for 32K clock and timers tick is also 32MHZ */
  while (CLKCONSTA != (CLKCONCMD_32MHZ | OSC_32kHZ)); /* Wait for the
  change to be effective */
  SLEEPCMD |= OSC_PD;                     /* turn off 16MHz RC */
  /* Turn on cache prefetch mode */
  PREFETCH_ENABLE();
}
//要求打开所有3个LED,点亮世界!
int main(void)
{
  /* Initialize hardware */
  hal_board_init();
  /* set direction for GPIO outputs   */
  P1SEL &= 0xFC;  //选择P1_0、P1_1口通用GPIO
  P2SEL &= 0xFE;  //选择P2_0口作为通用GPIO
  P1DIR |= 0x3;   //设置P1口为输出口
  P2DIR |= 0x1;   //设置P2口为输出口
  LED1=LED2=LED3=0;    //点亮3盏LED
  while(1); //死循环
  return 0;
}
```

6.2　让 LED 一闪一闪

6.2.1　任务要求及效果呈现

仅仅点亮 LED 已经不能满足我们，我们更想让 LED 一闪一闪。任务要求：3 盏 LED 每隔一定的时间亮一下。如图 6.3 所示。

图 6.3　让 LED 一闪一闪

6.2.2　实验原理

有了上一节关于 GPIO 口的基础知识，便很容易实现一闪一闪功能了。以下对主要部分进行介绍：

```
//约延时 1ms
void delay_ms(uint16 n)
{
  uint16 i;
  for (i=0; i<n; i++) delay_us(1000);
}
    LED1 =! LED1;    //反转当前电平
    LED2 =! LED2;    //反转当前电平
    LED3 =! LED3;    //反转当前电平
```

6.2.3　程序清单

```
#include "hal_types.h"
#include "OnBoard.h"
#include "hal_led.h"
#define LED1          P1_0        //Green
#define LED2          P1_1        //Yellow
```

```
#define LED3            P2_0        //Red
void delay_us(uint16 n)
{
  uint16 i;
  for (i=0; i<n; i++) ;
}
//延迟约 n ms
void delay_ms(uint16 n)
{
  uint16 i;
  for (i=0; i<n; i++) delay_μs(1000);
}
int main(void)
{
  /* Initialize hardware */
  hAL_BOARD_INIT();
  /* set direction for GPIO outputs   */
  P1SEL &= 0xFC;
  P2SEL &= 0xFE;
  P1DIR |= 0x3;
  P2DIR |= 0x1;
  while(1)
  {
     LED1 =! LED1;    //反转当前电平
     LED2 =! LED2;    //反转当前电平
     LED3 =! LED3;    //反转当前电平
     delay_ms(1000);
  }
  return 0;
}
```

6.3 实现流水灯

6.3.1 任务要求及效果呈现

流水灯是一般 MCU 的基本实验，虽然仅仅有 3 盏灯，但同样也能让它们流动地亮起来。同时，要求大约间隔 1 s，轮流点亮各盏灯。如图 6.4 所示。

图 6.4　流水灯效果

6.3.2 实验原理

流水灯实现的基本原理就是一次让一特定模式保持一段时间，再切换到下一模式。实现的主要代码如下：

```
LED1 =0;        //点亮 LED1
LED2 =1;        //熄灭 LED2
LED3 =1;        //熄灭 LED3
delay_ms(1000);
LED1 =1;        //熄灭 LED1
LED2 =0;        //点亮 LED2
LED3 =1;        //熄灭 LED3
delay_ms(1000);
LED1 =1;        //熄灭 LED1
LED2 =1;        //熄灭 LED2
LED3 =0;        //点亮 LED3
delay_ms(1000);  //延时 1s
```

6.3.3 程序清单

```
#include "hal_types.h"
#include "OnBoard.h"
#include "hal_led.h"
#define LED1            P1_0        //Green
#define LED2            P1_1        //Yellow
#define LED3            P2_0        //Red
//将近 0.72μs 延迟
void delay_us(uint16 n)
{
  uint16 i;
  for (i=0; i<n; i++) ;
}
void delay_ms(uint16 n)
```

```
{
  uint16 i;
  for (i=0; i<n; i++) delay_μs(1000);
}
int main(void)
{
  /* Initialize hardware */
HAL_BOARD_INIT();
  P1SEL &= 0xFC;
  P2SEL &= 0xFE;
  P1DIR |= 0x3;
  P2DIR |= 0x1;
  while(1)
  {
     LED1 =0;        //点亮 LED1
     LED2 =1;        //熄灭 LED2
     LED3 =1;        //熄灭 LED3
     delay_ms(1000);
     LED1 =1;        //熄灭 LED1
     LED2 =0;        //点亮 LED2
     LED3 =1;        //熄灭 LED3
     delay_ms(1000);
     LED1 =1;        //熄灭 LED1
     LED2 =1;        //熄灭 LED2
     LED3 =0;        //点亮 LED3
     delay_ms(1000);   //延时 1s
  }
  return 0;
}
```

6.4 让蜂鸣器发声

6.4.1 任务要求及效果呈现

任务要求:要求驱动开发板的蜂鸣器,发出蜂鸣声。如图 6.5 所示。

图 6.5　蜂鸣器发声

6.4.2 实验原理

蜂鸣器广泛应用于物联网工程，能发出警报声，起着提醒、警告用户的作用。蜂鸣器有压电式和磁电式之分，本开发板用的是磁电式的，磁电式蜂鸣器驱动电流一般为 10～20mA 以上，一般 MCU 的驱动电流为几个 mA，所以必须加放大器，比如一般像这种小功率的蜂鸣器，加一个普通的 8050、8055 之类的三极管就完成了，利用 I/O 口控制三极管的基极来驱动蜂鸣器，驱动蜂鸣器发声，利用电路以一定频率开和关，以发出相应频率的声音。所以驱动时，电路是以一定频率开闭的。如图 6.6 所示，但由于本开发板的蜂鸣器是一个感应部件，在电路突然关闭时，会在蜂鸣器两端产生高压，这个高压加上电路的供电电压，强度足以击穿这种普通的三极管，造成三极管的损坏。为了消除高压，一般在蜂鸣器两端并联一个肖特基快速管，使得多余的能量经过二极管消耗掉，二极管在电流很高时，其两端的电压也很小，利用肖特基二极管的快速反应，有效地消除电流通断时产生的高压。

要控制开发板上的蜂鸣器，得查看开发板手册，了解蜂鸣器的配置。从图 6.6 中可以看出蜂鸣器由 P0_5 口控制，高电平导通。将 P0_5 口配置成输出端口即可。

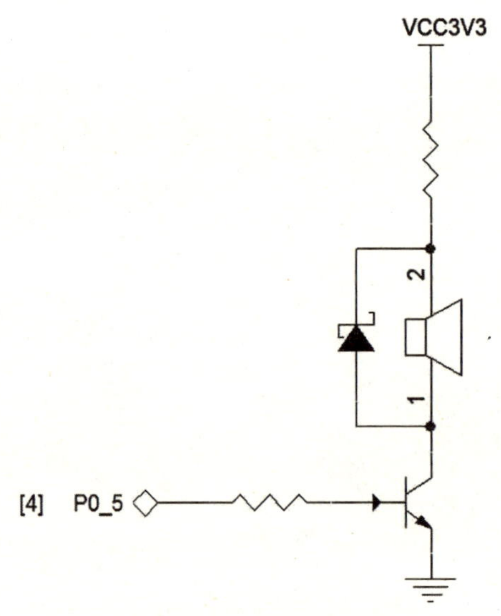

图 6.6 蜂鸣器模块原理图

主要需要设置的寄存器相关位如表 6.8～6.10 所示：

表 6.8 P0 (0x80)——端口 0

位	名称	复位	R/W	描述
7:0	P0[7:0]	0xFF	R/W	端口 0。通用 I/O 端口。可以从 SFR 位寻址。该 CPU 内部寄存器可以从 XDATA (0x7080)读，但是不能写。

表 6.9 P0SEL (0xF3)——端口 0 功能选择

位	名称	复位	R/W	描述
7:0	SELP0_[7:0]	0x00	R/W	P0.7 到 P0.0 功能选择 0：通用 I/O 1：外设功能

表 6.10 P0DIR (0xFD)——端口 0 功能选择

位	名称	复位	R/W	描述
7:0	DIRP0_[7:0]	0x00	R/W	P0.7 到 P0.0 的 I/O 方向 0：输入 1：输出

开始初始化 BUZZ 连接的端口：

```
BUZZ= 0;           //P0_5=0
P0SEL &= ~0x20; //选择 P0_5 为通用端口
P0DIR |= 0x20;
```

主程序就是让 BUZZ 端口不断切换高低电平状态。设置不同的切换速度，你就能听到不同频率的声音了。从你听不到的超低频声音到你能正常听到的声音，到你再次听不到的超声波，你都能体验到。

6.4.3 程序清单

```
#include "hal_types.h"
#include "hal_board_cfg.h"
//短路 J12 上 5-6 打开蜂鸣器报警提醒,输出高电平蜂鸣器响。
#define BUZZ            P0_5
//将近 0.72μs 延迟
void delay_us(uint16 n)
{
  uint16 i;
  for (i=0; i<n; i++) ;
}

void delay_ms(uint16 n)
{
  uint16 i;
  for (i=0; i<n; i++) delay_μs(1300);
}

void init_buzz()
{
  BUZZ= 0;           //P0_5=0
  P0SEL &= ~0x20; //选择 P0_5 为通用端口
  P0DIR |= 0x20;  //选择 P0_5 为输出端口

}

/*用软件延迟方式,使蜂鸣器发出声音    */
int main(void)
{
  unsigned short freq=300;//此处的 300 可以改成不同值,以体验不同频率的声音
  HAL_BOARD_INIT();
  init_buzz();
  while(1)
  {
    BUZZ=1;
    delay_us(freq);
    BUZZ=0;
    delay_us(freq);
  }
  return 0;}
```

第 7 章　GPIO 输入实验

LED 灯实验无须人控制，开发板一通电就能呈现效果，如果能有人的参与就更好了，LED 灯控制的本质是利用 GPIO 口的数字输出功能，按键的本质则是利用 GPIO 口的数字输入功能读取按键的状态。本节将介绍按键例程的实现，使我们理解和掌握 GPIO 口的输入功能。

7.1　按键控制 LED 的亮灭

7.1.1　任务要求及效果呈现

任务要求：每按一下 Key 1，依次点亮 Led 1，Led 2，Led 3，第四次按下时，将所有灯熄灭，再按下就能重复以上模式。如图 7.1 所示。

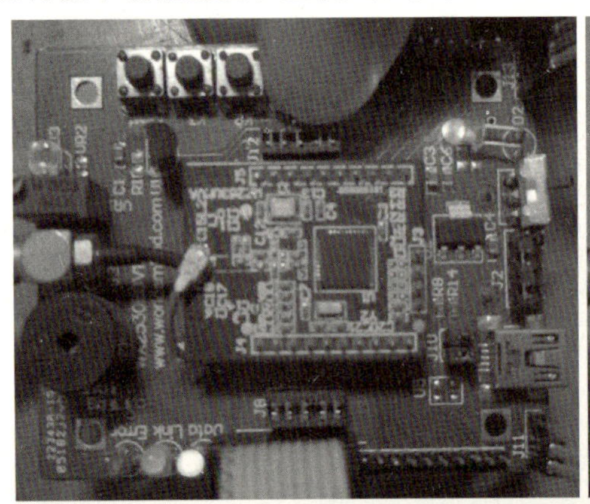

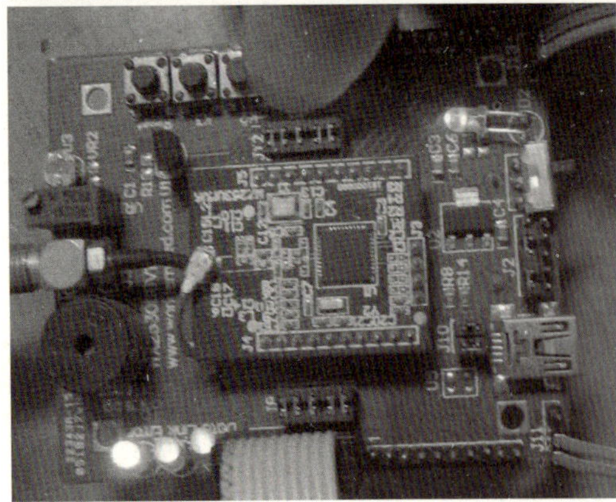

图 7.1　按键控制 LED 亮灭

7.1.2 实验原理

首先从开发板手册了解按键的 I/O 口的设置如表 7.1 所示：

表 7.1　按键 I/O 口配置

按键编号	信号名称	备　　注
K1	P0_0	需短路 J12 上 9-10
K2	P0_1	需短路 J12 上 7-8
K3	P0_4	
Reset	NRESET	按键触发节点复

通过万用表测量，大致还原其原理图如图 7.2 所示：

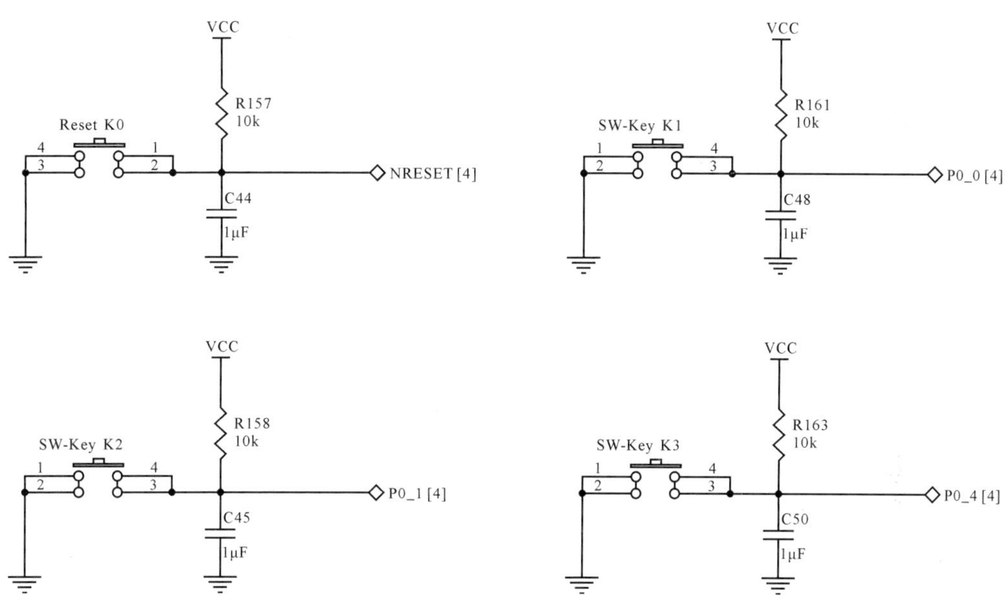

图 7.2　按键电路原理图

图 7.2 中可以看出，K1、K2、K3 平时都是高电平状态，按键合上，则为低电平。通过 TI 给出的 CC2540 芯片手册，与 P0 的输入设置相关的寄存器说明如表 7.2～7.6 所示：

表 7.2　P0 (0x80)——端口 0

位	名称	复位	R/W	描　　述
7:0	P0[7:0]	0xFF	R/W	端口 0。通用 I/O 端口。可以从 SFR 位寻址。该 CPU 内部寄存器可以从 XDATA (0x7080)读，但是不能写。

表 7.3　P0SEL (0xF3)——端口 0 功能选择

位	名称	复位	R/W	描　　述
7:0	SELP1_[7:0]	0x00	R/W	P0.7 到 P0.0 功能选择： 0：通用 I/O 1：外设功能

表 7.4　P0DIR (0xFD)——端口 0 方向

位	名称	复位	R/W	描　　述
7:0	DIRP1_[7:0]	0x00	R/W	P0.7 到 P0.0 的 I/O 方向： 0：输入 1：输出

表 7.5　P0INP (0x8F)——端口 0 输入模式

位	名称	复位	R/W	描　　述
7:0	MDP0_[7:0]	0x00	R/W	P0.7 到 P0.0 的 I/O 输入模式： 0：上拉/下拉(见 P2INP (0xF7)—端口 2 输入模式) 1：三态

表 7.6　P2INP (0xF7)——端口 2 输入模式

位	名称	复位	R/W	描　　述
7	PDUP2	0	R/W	端口 2 上拉/下拉选择。对所有端口 2 引脚设置为上拉/下拉输入。 0：上拉 1：下拉
6	PDUP1	0	R/W	端口 1 上拉/下拉选择。对所有端口 1 引脚设置为上拉/下拉输入。 0：上拉 1：下拉
5	PDUP0	0	R/W	端口 0 上拉/下拉选择。对所有端口 0 引脚设置为上拉/下拉输入。 0：上拉 1：下拉
4:0	MDP0_[7:0]	0 0000	R/W	P2.4 到 P2.0 的 I/O 输入模式 0：上拉/下拉 1：三态

设计按键输入，除了考虑其 I/O 口的设置和电路原理，还需要考虑按键自身的特点，才能设计出实用的程序。

读按键原理与消抖

本开发板采用按键为轻触开关，开关为机械式弹性开关，利用了机械触点的合、断作用。电压信号通过机械触点的断开、闭合，输出的过程如图 7.3 所示：

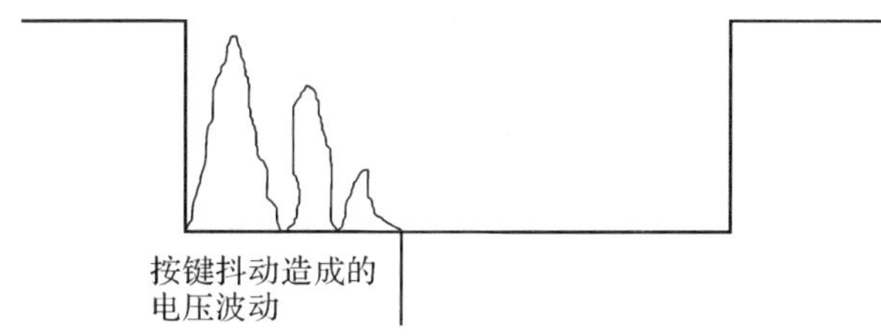

图 7.3　按键按下和松开的电信号变化

作为一个按键，从没有按下到按下以及释放是一个完整的过程，也就是说，当按下一个按键时，总希望某个命令只执行一次，而在按键按下的过程中，不要有干扰，因为，在按下的过程中，一旦有干扰，可能造成误触发过程，这并不是所想要的。具体的一个按键从按下到释放的全过程的信号如图 7.3 所示。因此在按键按下的时候，要把手上的干扰信号以及按键的机械接触等干扰信号滤除掉，一般情况下，可以采用电容来滤除掉这些干扰信号，但实际上，这需要很大的电容才会有较好的消抖效果，这会增加硬件成本及硬件电路的体积，这是不希望的。除了电容滤波，还有利用 RS 触发器硬件消抖，这更加增加硬件成本，而且键盘很多时，根本无法使用。除了这 2 种硬件滤波，就是软件滤波了，就是在第一次检测到有键按下时，执行一段延时 10 ms 的子程序后再确认该键电平是否仍保持闭合状态电平，如果保持闭合状态电平则确认为真正有键按下，从而消除了抖动的影响。软件滤波虽然不增加硬件成本，但也有其缺点，就是 MCU 需要等待 10 ms 时间，时间白白浪费。对于一些多任务、实时场合，在紧迫任务下，10 ms 也太迟了！

按照开发板的设计，假定已经为每个按键配置了 1 μF 电容和 10 K 电阻进行阻容消抖，该阻容电路时间常数是 10 ms，要完全消抖是不可能的，因为其保持低电平的时间只有 1～2 ms，要真正消抖，应该设计 10 μF 以上的电容与 10 K 电容匹配。

由于开发板具体给的电容未知，分别给出了软件消抖的和没有消抖的程序验证效果。无消抖的主要程序如下：

```
if(KEY1==0)    //判断按键是否按下
  {
    ++i;
  if(i==1)
    LED1=0;
  else if(i==2)
    LED2=0;
  else if(i==3)
    LED3=0;
  else
  {
    i=0;
    LED1=1;
    LED2=1;
    LED3=1;
```

```
    }
    while(KEY1==0); //如果一直在按,则停在这里直到其起来
}
```

软件消抖的程序如下：

```
if(0==KEY1)
{
  delay_ms(10);
  i++;
  if(i==1)
    LED1=0;
  else if(i==2)
    LED2=0;
  else if(i==3)
    LED3=0;
  else
  {
    i=0;
    LED1=1;
    LED2=1;
    LED3=1;
  }
  while(0==KEY1); //等待按键松开
}
```

对比发现,软件消抖就是在按键按下时,程序延时了 10 ms。实际实验的效果表明,本开发板的设计由于采用了适当的阻容消抖,不用软件消抖,也不会引起按键误触发。

7.1.3 程序清单

说明:以下代码为无软件消抖的按键代码,如需要软件消抖,则将“delay_ms(10);”的注释取消即可。

```
#include "hal_types.h"
#include "hal_key.h"
#include "hal_led.h"

#define LED1        P1_0        //Green
#define LED2        P1_1        //Yellow
#define LED3        P2_0        //Red
#define KEY1        P0_0        //需短路 J12 上 9-10
#define KEY2        P0_1        //需短路 J12 上 7-8
#define KEY3        P0_4
//将近 0.72μs 延迟
```

```
void delay_us(uint16 n)
{
  uint16 i;
  for (i=0; i<n; i++) ;
}

void delay_ms(uint16 n)
{
  uint16 i;
  for (i=0; i<n; i++) delay_μs(1300);
}

void init_led()
{
  P1SEL &= 0xFC;
  P2SEL &= 0xFE;
  P1DIR |= ~0xFC;
  P2DIR |= ~0xFE;
}
void init_key()
{
   P0SEL &= ~BV(0); //设置 KEY1 口为通用 IO
   P0DIR &= ~BV(0); //设置 KEY1 口输入
   P0INP |= BV(0);  //设置 KEY1 口浮空输入
}
/***************************************
 * @fn          main
 *
 * @brief       Start of application.
 *
 * @param       none
 *
 * @return      none
 ***************************************
 */
//要求每按一下 Key1,依次点亮 Led1、Led2、Led3,第四次按下时,将所有灯熄灭,再按下就能重复以上模式
int main(void)
{
  /* Initialize hardware */
  HAL_BOARD_INIT();
  /* set direction for GPIO outputs  */
```

```
    init_led();
    init_key();
    char i=0;
    while(1)
    {
      if(KEY1==0)    //判断按键是否按下
      {
        ++i;
        //delay_ms(10);//如要软件消抖,则取消注释
        if(i==1)
          LED1=0;
        else if(i==2)
          LED2=0;
        else if(i==3)
          LED3=0;
        else
        {
          i=0;
          LED1=1;
          LED2=1;
          LED3=1;
        }
        while(KEY1==0); //如果一直在按,则停在这里直到其起来
      }
    }
    return 0;
}
```

7.2 中断方式下按键控制 LED 的亮灭

7.2.1 任务要求及效果呈现

任务要求:每按一下 Key1,依次点亮 Led1,Led2,Led3,第四次按下时,将所有灯熄灭,再按下就能重复以上模式,采用中断方式实现。如图 7.4 所示。

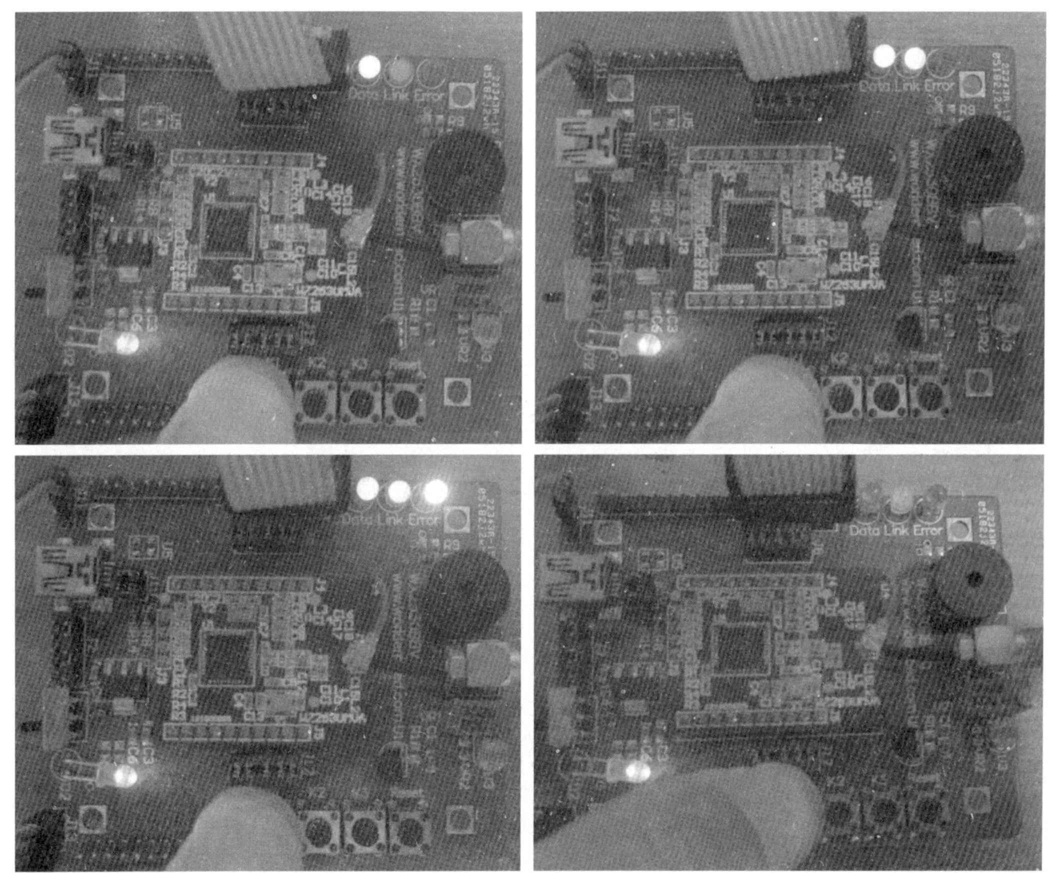

图 7.4　中断方式下的按键控制 LED

7.2.2 实验原理

本次实验虽然实现的功能和上一节一样，但是原理上区别较大，上一节的方式是整个 main 函数就做一个事情，不断查询 P0_0 口，以读取按键状态，大部分的 CPU 时间都用在读按键去了，如果 main 函数内还有几个任务要执行，且这几个任务占用的时间达到 200 ms，甚至 1 s，而按键的敲击速度 1s 好几次，那么 CPU 根本来不及响应按键，会造成按键状态的丢失。但如果采用中断方式就不同了，在中断方式下，CPU 即使在执行任务，但只要中断发生就会直接转到中断例程，执行中断处理程序，就算任务多么占用时间，按键总能及时响应。这是 CPU 的内部原理决定的，CPU 在每个时钟总线周期末期，总会采样检查中断标志，这就是 CPU 能及时响应中断的原理。

中断非常重要，没有中断就没有 CPU，我们的世界，没有中断，也不可能运转。比如，一直在呼呼大睡，如果没有闹铃闹响，可能就睡过头了。闹铃中断了睡眠，及时提醒我该起床了，能及时做我该做的事情。好好了解一下 CC2540 的中断特点。以下内容来自 CC2540 的芯片手册。

CPU 有 18 个中断源。每个中断源都有它自己的位于一系列 SFR 寄存器中的中断请求标志。相应标志位请求的每个中断可以分别使能或禁用标点，每个中断请求可以通过设置中断使能 SFR 寄存器的中断使能位 IEN0、IEN1 和 IEN2 使能或禁止。

注意某些外部设备有若干事件，可以产生与外设相关的中断请求。这些中断请求可以作用在端口 0、端口 1、端口 2、定时器 1、定时器 2、定时器 3、定时器 4 和无线电上。对于与每个内部中断源对应的 SFR 寄存器，这些外部设备都有中断屏蔽位。

为了使能任一中断功能，应当采取下列步骤：

(1)清除中断标志；

(2)如果有，则设置 SFR 寄存器中对应的各中断使能位为 1；

(3)设置寄存器 IEN0、IEN1 和 IEN2 中对应的中断使能位为 1；

(4)设置 IEN0 中的 EA 位为 1 以使能全局中断；

(5)在该中断对应的向量地址上，运行该中断的服务程序。

一般来说，如果可用的话，对于不是自动清除的标志，脉冲或边沿形成的中断源，应在清除源标志位之前清除 CPU 中断标志寄存器。对于电平源，必须在清除 CPU 标志之前清除源。

以上这些已经基本上告诉了如何使用中断功能了。稍微解释一下，如果要使用某一个中断功能，首先要先清对应的中断标志，如果不清，程序可能等不到下一步，就已经跳到中断处理例程去了，后面的设置都无法进行了。清了中断标志，后续就是按部就班的设置，最后再在对应的向量地址上设计中断例程程序了。

接下来，看看对应 KEY1(P0_0)口的相关寄存器设置吧。

首先将 KEY1 设置为输入浮空，这已经在上一节讲过，就不重复了。现在关键是设置其能响应中断。如表 7.7～7.13 所示的寄存器的相关位必须设置。

表 7.7　P0IFG (0x89)——端口 0 中断状态标志

位	名称	复位	R/W	描　　述
7:0	P0IF[7:0]	0x00	R/W0	端口 0，位 7 到位 0 输入中断状态标志。当输入端口中断请求未决信号时，其相应的标志位将置 1。

表 7.8　PICTL (0x8C) 与 KEY1 中断相关标志位——端口中断控制

位	名称	复位	R/W	描　　述
0	P0ICON	0	R/W	端口 0，7 到 0 输入模式下的中断配置。该位为所有端口 0 的输入选择中断请求条件。 0：输入的上升沿引起中断 1：输入的下降沿引起中断

表 7.9　P0IEN (0xAB) 与 KEY1 中断相关标志位——端口 0 中断屏蔽

位	名称	复位	R/W	描　　述
7:0	P0_[7:0]IEN	0x00	R/W	端口 P0.7 到 P0.0 中断使能 0:中断禁用 1:中断使能

表 7.10　IEN0 (0xA8) 与 KEY1 中断相关标志位——中断使能 0

位	名称	复位	R/W	描　述
7	EA	0x0	R/W	禁用所有中断。 0：无中断被确认 1：通过设置对应的使能位将每个中断源分别使能和禁止

表 7.11　IEN1 (0xB8) 与 KEY1 中断相关标志位——中断使能 1

位	名称	复位	R/W	描　述
5	P0IE	0x0	R/W	端口 0 中断使能 0：中断禁止 1：中断使能

表 7.12　IEN2 (0x9A) 与 KEY1 中断相关标志位——中断使能 2

位	名称	复位	R/W	描　述
7:6	—	0x00	R/W	端口 P0.7 到 P0.0 中断使能 0:中断禁用 1:中断使能

表 7.13　IRCON (0xC0)——中断标志 4

位	名称	复位	R/W	描　述
5	P0IF	0x0	R/W	端口 0 中断标志 0：无中断未决 1：中断未决

以下是相关寄存器设置，另外，还缺相应的程序。

```
P0SEL &= ~BV(0); //设置 KEY1 口———GPIO
P0DIR &= ~BV(0); //设置 KEY1 口———输入模式
P0INP &= ~BV(0); //设置 KEY1 口———上拉下拉模式
P0INP &= ~BV(0); //设置 KEY1 口———上拉下拉模式
P2INP &= ~BV(5); //设置 P0 口———上拉模式
PICTL |= BV(0);  //设置 P0 口———输入的下降沿引起中断
P0IEN |= BV(0);  //设置 KEY1 口———合上 KEY1 口中断开关
IEN1 |= BV(5);   //设置 P0 口———合上 P0 中断开关
EA=1;            //合上系统所有中断总开关
```

7.2.3　程序清单

代码说明：如果按键无外部上拉，则不可使用浮空输入，KEY0 口应设置为上拉输入模式，将 init_key()函数中注释的两行取消注释，同时将行“P0INP |= BV(0);”注释掉。

```
#include "hal_types.h"
#include "hal_key.h"
```

```
#include "hal_led.h"
#define LED1          P1_0        //Green
#define LED2          P1_1        //Yellow
#define LED3          P2_0        //Red
#define KEY1          P0_0        //需短路 J12 上 9-10
#define KEY2          P0_1        //需短路 J12 上 7-8
#define KEY3          P0_4

void init_led()
{
  P1SEL &= 0xFC;
  P2SEL &= 0xFE;
  P1DIR |= ~0xFC;
  P2DIR |= ~0xFE;
}

void init_key()
{
   P0SEL &= ~BV(0); //设置 KEY1 口———GPIO
   P0DIR &= ~BV(0); //设置 KEY1 口———输入模式
   //P0INP &= ~BV(0); //设置 KEY1 口———上拉下拉模式,外部可以不上拉
   //P2INP &= ~BV(5); //设置 P0 口———上拉模式
   P0INP |= BV(0); //设置 KEY1 口———浮空输入模式,要求外部上拉
   PICTL |= BV(0);  //设置 P0 口———输入的下降沿引起中断
   P0IEN |= BV(0);  //设置 KEY1 口———合上 KEY1 口中断开关
   IEN1 |= BV(5);     //设置 P0 口———合上 P0 中断开关
   P0IFG = 0;          //清中断标志
   P0IF = 0;           //清中断标志,
   EA=1;              //合上系统所有中断总开关
}

/*****************************
IAR 编译器中的中断处理函数
******************************/
/*格式:#pragma vector = 中断向量,紧接着是中断处理程序*/
#pragma vector = P0INT_VECTOR
__interrupt void P0_ISR(void)
{
  static unsigned char i=0;
  i++;
  if(i==1)
    LED1=0;
```

```
  else if(i==2)
    LED2=0;
  else if(i==3)
    LED3=0;
  else
  {
     i=0;
     LED1=1;
     LED2=1;
     LED3=1;
  }
  while(! KEY1);
  P0IFG = 0;         //清中断标志
  P0IF = 0;         //清中断标志
}
//要求采用按键中断输入方式,每按一下Key1,依次点亮Led1,Led2,Led3,第四次按下时,将
所有灯熄灭,再按下就重复以上模式
int main(void)
{
  /* Initialize hardware */
  HAL_BOARD_INIT();
  init_led();
  init_key();

  while(1);
  return 0;
}
```

第8章　定时器实验

还记得LED流水灯实验吗？关于流水灯中每个灯点亮和熄灭的时间，是利用一个delay_ms(n)函数来延迟 n ms 的，但这个 n ms 延迟是很不精确的，只是一个大概。现实生活中有很多任务要求精确定时，没有精确定时，任务就无法实现，比如产生PWM波控制步进电机，定时器用于范围广泛的控制和测量应用。掌握定时器是设计定时程序的关键。本章将利用定时器做几个精彩的实验，以更好地理解和掌握定时器的使用。

8.1　软件查询方式下的定时流水灯

8.1.1　任务要求及效果呈现

用定时器控制3个LED，采用定时/计数器查询方式，依次点亮3盏灯，依次点亮间隔时间为1s。如图8.1所示。

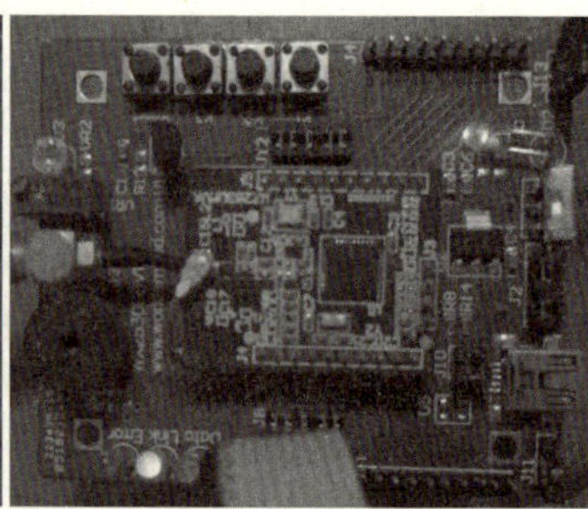
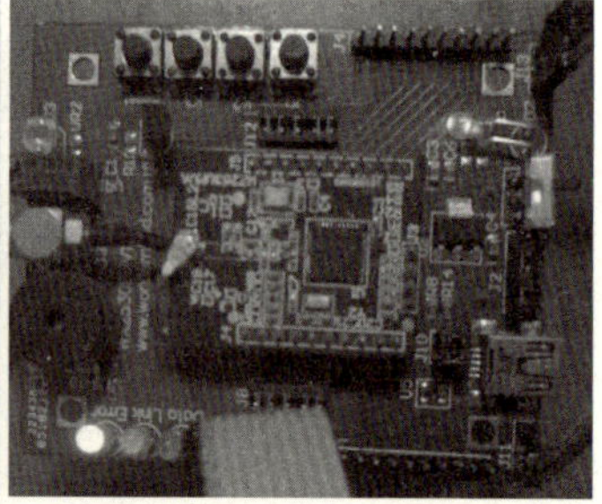

图8.1　中断查询方式的定时流水灯

8.1.2　实验原理

定时器的本质就是一个时钟，这个时钟来自系统主时钟的分频，只是这个时钟会计数，当达到最终计数值(溢出)时，计数器将产生一个中断请求并响应溢出标志位，定时程序一般就设计在计数溢出时。

本次实验采用定时器1定时，定时器1是一个独立的16位定时器，支持典型的定时/计数功能，比如输入捕获、输出比较和PWM功能。定时器1有5个独立的捕获/比较通道，每个通道定时器使用一个I/O引脚。可用的5个通道的正计数/倒计数模式将允许如电机控制应用的实现。定时器在每个活动时钟边沿递增或递减。活动时钟边沿周期由寄存器位CLKCON.TICKSPD定义，它设置了全局系统时钟的划分，提供了从0.25～32 MHz的不同时钟频率(可以使用32 MHz XOSC作为时钟源)。这在定时器1中由

T1CTL. DIV 设置，分频器值可以进一步划分。如表 8.1～8.8 所示，先来了解一下相关寄存器和位。

表 8.1　T1CNTH（0xE3）——定时器 1 计数器高位

位	名称	复位	R/W	描　　述
7:0	CNT[15:8]	0x00	R	定时器计数器高字节。包含在读取 T1CNTL 的时候定时计数器缓存的高 16 位字节。

表 8.2　T1CNTL（0xE2）——定时器 1 计数器低位

位	名称	复位	R/W	描　　述
7:0	CNT[7:0]	0x00	R/W	定时器计数器低字节。包括 16 位定时计数器低字节。往该寄存器中写任何值，导致计数器被清除为 0x0000，初始化所有相通道的输出引脚。

表 8.3　T1CTL（0xE4）——定时器 1 的控制和状态

位	名称	复位	R/W	描　　述
7:4	—	0000 0	R/W	保留
3:2	DIV[1:0]	00	R/W	分频器划分值。产生主动的时钟边缘用来更新计数器，如下： 00：标记频率/1 01：标记频率/8 10：标记频率/32 11：标记频率/128
1:0	MODE[1:0]	00	R/W	选择定时器 1 模式。定时器操作模式通过下列方式选择： 00：暂停运行。 01：自由运行，从 0x0000 到 0xFFFF 反复计数。 10：模模式，从 0x0000 到 T1CC0 反复计数。 11：正计数/倒计数，从 0x0000 到 T1CC0 反复计数并且从 T1CC0 倒计数到 0x0000。

表 8.4　T1STAT（0xAF）——定时器 1 状态

位	名称	复位	R/W	描　　述
7:6	—	0	R0	保留
5	OVFIF	0x00	R/W	定时器 1 计数器溢出中断标志。当计数器在自由运行或模模式下达到最终计数值时设置，当在正/倒计数模式下达到零时倒计数。写 1 没有影响。
4	CH4IF	0x00	R/W	定时器 1 通道 4 中断标志。当通道 4 中断条件发生时设置。写 1 没有影响。
3	CH3IF	0x00	R/W	定时器 1 通道 3 中断标志。当通道 3 中断条件发生时设置。写 1 没有影响。
2	CH2IF	0x00	R/W	定时器 1 通道 2 中断标志。当通道 2 中断条件发生时设置。写 1 没有影响。

续 表

位	名称	复位	R/W	描　　述
1	CH1IF	0x00	R/W	定时器 1 通道 1 中断标志。当通道 1 中断条件发生时设置。写 1 没有影响。
0	CH1IF	0x00	R/W	定时器 0 通道 4 中断标志。当通道 0 中断条件发生时设置。写 1 没有影响。

表 8.5　T1CC0H (0xDD)——定时器 1 通道 1 捕获/比较值高位

位	名称	复位	R/W	描　　述
7:0	T1CC0[15:8]	0x00	R/W	定时器 1 通道 0 捕获/比较值，高位字节。当 T1CCTL0. MODE =1(比较模式)时写 0 到该寄存器导致 T1CC0[15:0]更新写入值延迟到 T1CNT=0x0000。

表 8.6　T1CC0L (0xDA)——定时器 1 通道 0 捕获/比较值低位

位	名称	复位	R/W	描　　述
7:0	T1CC0[7:0]	0x00	R/W	定时器 1 通道 0 捕获/比较值，低位字节。写到该寄存器的数据被存储到一个缓存中，但是不写入 T1CC0[7:0]，直到并同时后一次写 T1CC0H 生效。

表 8.7　CLKCONCMD (0xC6)与定时器相关的位——时钟控制命令

位	名称	复位	R/W	描　　述
7	OSC32K	1	R/W	32 kHz 时钟振荡器选择。设置该位只能发起一个时钟源改变。CLKCONSTA. OSC32K 反映当前的设置。当要改变该位必须选择。 16 MHz RCOSC 作为系统时钟。 0：32 kHz XOSC 1：32 kHz RCOSC
6	OSC	1	R/W	系统时钟源选择。设置该位只能发起一个时钟源改变。CLKCONSTA. OSC 反映当前的设置。 0：32 MHz XOSC 1：16 MHz RCOSC
5:3	TICKSPD[2:0]	001	R/W	定时器标记输出设置。不能高于通过 OSC 位设置的系统时钟设置。 000：32 MHz 001：16 MHz 010：8 MHz 011：4 MHz 100：2 MHz 101：1 MHz 110:500 kHz 111:250 kHz

续　表

位	名称	复位	R/W	描　　述
2:0	CLKSPD [2:0]	001	R/W	时钟速度。不能高于通过 OSC 位设置的系统时钟设置。表示当前系统时钟频率。 000：32 MHz 001：16 MHz 010：8 MHz 011：4 MHz 100：2 MHz 101：1 MHz 110：500 kHz 111：250 kHz

表 8.8　CLKCONSTA (0x9E)——时钟控制状态

位	名称	复位	R/W	描　　述
7	OSC32K	1	R	当前选择的 32 kHz 时钟源。 0：32 kHz XOSC 1：32 kHz RCOSC
6	OSC	1	R	当前选择的系统时钟。 0：32 MHz XOSC 1：16 MHz RCOSC
5:3	TICKSPD[2:0]	001	R	定时器标输入频率。 000：32 MHz 001：16 MHz 010：8 MHz 011：4 MHz 100：2 MHz 101：1 MHz 110:500 kHz 111:250 kHz
2:0	CLKSPD [2:0]	001	R	当前时钟速度。 000：32 MHz 001：16 MHz 010：8 MHz 011：4 MHz 100：2 MHz 101：1 MHz 110：500 kHz 111：250 kHz

定时器的时钟来自系统时钟，由于本实验要定时 1s，先从系统时钟分频，获得 2M 的时钟频率：

```
/ * 使用 32 MHz 外部晶振和 32 K 的外部晶振作为 MCU 的 2 个时钟，且系统时钟设置为 32
MHz，定时器输入频率 2 MHz * /
```

```
CLKCONCMD = (CLKCONCMD_32MHz | OSC_32kHz | TICKSPD_2MHz);
while (CLKCONSTA != (CLKCONCMD_32MHz | OSC_32kHz | TICKSPD_2MHz)); /
* 等待时钟设置生效 * /
```

接下来设置定时器分频比 1∶32,则定时器的计数间隔 16 μs。

定时器 1 有 4 种工作模式,分别是自由模式、模模式、正计数/倒计数模式、倒计数模式。

(1)自由模式:计数器从 0x00 开始计数,到达 0xff 时溢出并自动重装 0x00,之后继续计数。当使能中断时,在溢出时将产生一个中断。

(2)模模式:计数器从 0x00 开始计数到寄存器 TxCC0,之后重装 0x00,继续向上递增。当使能中断时,在溢出时将产生一个中断。

(3)正计数/倒计数模式:计数器从 0x00 开始正计数到寄存器 TxCC0,之后从 TxCC0 倒计数到 0x00。当使能中断时,在计数到 0 时将产生一个中断。

(4)倒计数模式:计数器开始时载入 TxCC0 的值,之后往下递减,直到 0 时溢出。若允许中断,则会产生中断。

因为要精确定位 1s 计时,故采用正计数/倒计数模式。此时设定的计数值:T1CC0=0.5 s/Tick=1 s/32 μs=31250。

接下来设置 TIMER1。

```
T1CC0H=31250>>8; //比较计数器设置为 31250
T1CC0L=(unsigned char)31250;
```

定时 1s 的子程序:

```
T1CTL=0x08;            //停止定时器,且设置定时器 32 分输入的频率
T1STAT&=~0x20;         //清计数器溢出中断标志
T1CNTL=0;              //计数器初始化,注意写任何值都能引起 T 计数器复位
T1CTL|=0x03;  //开启定时器 且为 up-down 模式
while(!(T1STAT&0x20));  //查看中断状态标志,定时器是否溢出
```

很遗憾,给出的效果图不能反映流水灯定时 1s 点亮的过程,但好好运行一下下面的源代码,肯定能让你体会程序设计的精彩!

8.1.3 程序清单

```
#include "hal_types.h"
#include "hal_timer.h"
#include "hal_led.h"

#define LED1        P1_0       //Green
#define LED2        P1_1       //Yellow
#define LED3        P2_0       //Red

void hal_board_init()
```

```
{
  uint16 i;
  SLEEPCMD &= ~OSC_PD;                    /* turn on 16MHz RC and 32MHz XOSC */
  while (! (SLEEPSTA & XOSC_STB));          /* wait for 32MHz XOSC stable */
  asm(" NOP ");                           /* chip bug workaround */
  for (i=0; i<504; i++) asm(" NOP ");       /* Require 63us delay for all revs */
  /* 使用 32 MHz 外部晶振和 32K 的外部晶振作为 MCU 的两个时钟,且系统时钟设置为
  32 MHz,定时器输入频率 2 MHz */
  CLKCONCMD = (CLKCONCMD_32MHz | OSC_32kHz | TICKSPD_2MHz);
  while (CLKCONSTA != (CLKCONCMD_32MHz | OSC_32kHz | TICKSPD_2MHz)); /*
  等待时钟设置生效 */
  SLEEPCMD |= OSC_PD;      /* turn off 16MHz RC */
  /* Turn on cache prefetch mode */
  PREFETCH_ENABLE();
}

void init_led()
{
  P1SEL &= 0xFC;
  P2SEL &= 0xFE;
  P1DIR |= ~0xFC;
  P2DIR |= ~0xFE;
}
void init_key()
{
   P0SEL &= 0xEC;
   P0DIR &= 0xEC;
}
void init_timer1()
{
  T1CTL=0;      //停止定时器
  T1STAT&=~0x20;      //清计数器溢出中断标志
  T1IF=0;             //清中断标志
  T1CNTL=0;            //计数器初始化,注意写任何值都能引起 T 计数器复位
  T1CC0H=31250>>8; //比较计数器设置为 31250
  T1CC0L=(unsigned char)31250;
}
//延迟 1s
void delay1s()
{
  T1CTL=0x08;             //停止定时器,且设置定时器 32 分输入的频率
  T1STAT&=~0x20;          //清计数器溢出中断标志
```

```
    T1CNTL=0;            //计数器初始化,注意写任何值都能引起 T 计数器复位
    T1CTL|=0x03; //开启定时器 且为 up-down 模式
    while(! T1IF); //查看中断状态标志,定时器是否溢出
    T1IF=0;              //清中断标志
    T1STAT&=~0x20;       //清中断标志
}
/* 用定时器控制 3 个 LED,采用定时/计数器查询方式,依次点亮 3 盏灯,点亮时间 1s。 */
int main(void)
{
    /* Initialize hardware */
    hal_board_init();
    init_led();
    init_timer1();
    while(1)
    {
        LED1=0; LED2=1; LED3=1;
        delay1s();
        LED1=1; LED2=0; LED3=1;
        delay1s();
        LED1=1; LED2=1; LED3=0;
        delay1s();
    }
    return 0;
}
```

8.2 中断方式下的定时流水灯

采用查询方式的定时流水灯,仅仅比采用软件循环定时的方式精确一些,但 CPU 的时间都白白地浪费在查询中断标志位上了。比如查询中断标志位仅仅花费时间 0.1 μs,定时 1 s 时,CPU 99.999 999 9%的时间都浪费在查询上了。又比如为了等早上 6 点半的某个电话,从半夜开始就盯着闹钟是否到了 6 点半,搞得精疲力竭、眼冒金星。而如果采用中断方式,就把电话铃声调到最大,然后安安心心地睡大觉,第二天,当电话铃声响起时,正好闹醒我们,而我们已经得到了充分的休息。CPU 也是一样,有了中断,CPU 完全可以不必一直查询,定时未到时,完全可以安安心心地休息,比如处理 idle 状态,或者做别的事情,而一旦定时到了,CPU 将立刻响应,转到响应的中断处理例程如图 8.2。本节将设置定时器中断,采用中断方式控制流水灯。

8.2.1 任务要求及效果呈现

用定时器控制 3 个 LED,采用中断方式,依次点亮 3 盏灯,依次点亮间隔时间 1s。要求 CC2540 一上电,LED 就开始循环点亮。

图8.2　中断方式控制的定时流水灯

8.2.2 实验原理

本实验采用Timer1定时，相关寄存器的设置见上一节，本次实验采用中断方式，所以还需要设置相关中断寄存器的相关位。先了解一下这些寄存器相关位的情况吧。如表8.9～8.12所示。

表8.9　IEN0（0xA8）——中断使能0

位	名称	复位	R/W	描　　述
7	EA	0x0	R/W	禁用所有中断。 0：无中断被确认 1：通过设置对应的使能位将每个中断源分别使能和禁止

表8.10　IEN1（0xB8）——中断使能1

位	名称	复位	R/W	描　　述
1	T1IE	0x0	R/W	定时器1中断使能 0：中断禁止 1：中断使能

表8.11　T1STAT（0xAF）——定时器1状态

位	名称	复位	R/W	描　　述
5	OVFIF	0x00	R/W	定时器1计数器溢出中断标志。当计数器在自由运行或模模式下达到最终计数值时设置，当在正/倒计数模式下达到零时倒计数。写1没有影响。

表8.12　IRCON（0xC0）——中断标志4

位	名称	复位	R/W	描　　述
1	T1IF	0	R/W H0	定时器1中断标志。当定时器1中断发生时设为1并且当CPU向量指向中断服务例程时清除。 0：无中断未决 1：中断未决

主要是设置这些中断寄存器。

```
T1CTL=0x08;          //停止定时器,且设置定时器 32 分输入的频率
T1STAT&=~0x20;       //清计数器溢出中断标志
T1IF=0;              //清中断标志
T1CNTL=0;            //计数器初始化,注意写任何值都能引起 T 计数器复位
T1CC0H=31250>>8; //比计数较器设置为 31250
T1CC0L=(unsigned char)31250;
T1CC0H=31250>>8; //比计数较器设置为 31250
T1CC0L=(unsigned char)31250;
T1CTL|=0x03;     //32 分频, up-down 模式
T1IE=1;
EA=1;
T1IF=1;
T1OVFIM=1;
```

8.2.3 程序清单

```
#include "hal_types.h"
#include "hal_timer.h"
#include "hal_led.h"

#define LED1        P1_0       //Green
#define LED2        P1_1       //Yellow
#define LED3        P2_0       //Red

void init_led()
{
  P1SEL &= 0xFC;
  P2SEL &= 0xFE;
  P1DIR |= ~0xFC;
  P2DIR |= ~0xFE;
}

void init_timer1()
{
  EA=0;
  T1CTL=0x08;          //停止定时器,且设置定时器 32 分输入的频率
  T1STAT&=~0x20;       //清计数器溢出中断标志
  T1IF=0;              //清中断标志
  T1CNTL=0;            //计数器初始化,注意写任何值都能引起 T 计数器复位
  T1CC0H=31250>>8; //比计数较器设置为 31250
  T1CC0L=(unsigned char)31250;
  T1CC0H=31250>>8; //比计数较器设置为 31250
```

```
    T1CC0L=(unsigned char)31250;
    T1CTL|=0x03;      //32分频，up-down模式
    T1IE=1;
    EA=1;
    T1IF=1;
    T1OVFIM=1;
}

/*用定时器控制3个LED,采用中断方式,依次点亮3盏灯,往复循环,点亮时间间隔1s。  */
int main(void)
{
    HAL_BOARD_INIT();
    CLKCONCMD |= TICKSPD_2MHz; //定时器输入频率2MHz
    while ( CLKCONSTA & TICKSPD_2MHz != TICKSPD_2MHz );
    init_led();
    init_timer1();
    while(1);
    return 0;
}

#pragma vector=T1_VECTOR
__interrupt void T1_IRQ(void)
{
    static char i=0;
    HAL_ENTER_ISR()
    i++;
    if(i==1)
    {
        LED1=0;
        LED2=1;
        LED3=1;
    }
    else if(i==2)
    {
        LED1=1;
        LED2=0;
        LED3=1;
    }
    else if(i==3)
    {
        LED1=1;
        LED2=1;
```

```
        LED3=0;
        i=0;
    }
    T1STAT&=~0x20;
    T1IF=0;
    HAL_EXIT_ISR()
}
```

8.3 PWM 波控制蜂鸣器

还记得蜂鸣器实验吗？其本质就是改变不同的电平切换速度，以产生不同频率的方波，实现不同频率的声音。但由于是利用软件延时改变速度的，声音的频率无法精确控制。现在学了定时器，定时器就是做精确时间控制的，其很重要的一个功能就是产生PWM 波，PWM 波就是一定频率的方波，定时器产生方波不占用系统 CPU 时间，非常适合做 PWM 控制，因此被广泛应用于电机控制。

8.3.1 任务要求及效果呈现

要求 1：按下按键，LED1 亮，按键释放，LED1 灭。如图 8.3 所示。

要求 2：按下按键，同时让蜂鸣器发出声音，每按一次，蜂鸣器发出声音的频率依次增高，频率高到一定程度，再次按下，又回到开始，继续重复按，声音频率继续重复变化，声音变化类似：Do Rei Mi Fa So La Xi Do。

要求 3：要求示波器演示以验证程序的正确性。

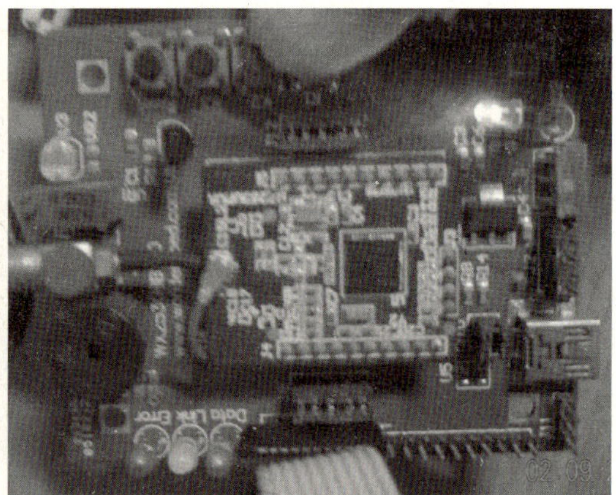

图 8.3 实验过程演示（按下键，LED1 亮；释放键，熄灭）

8.3.2 实验原理

按键让 LED 发光，早就做过类似实验了，这个容易实现，本次实验的难点是让定时器1 产生指定频率的 PWM 波，设计 PWM 的占空比为 1：2，也就是方波中的高电平和低电平各占一半时间。要产生 PWM 波，需要用到定时器通道比较输出功能，也就是定时器溢出时，将自动改变通道电平。因为蜂鸣器的接口是 P0_5，对应 TIMER1 的第 3 通道，定时器的计数值将与该通道的设定值比较，以输出相应电平。为了示波器比较，还让 Timer1 的通道 2 输出与通道 3 一样频率的方波。如图 8.4、8.5 所示。注意到效果图片中的两个波，周期是一样的，两幅图片分别是 200 Hz 声音下和 2000 Hz 声音下的输出，可以验证程序的正确性，但通道 3 的波形有很多噪声，这是因为通到接了蜂鸣器，而通道 2 什么也没有接。以下是相关寄存器及其位的介绍如表 8.13～8.19 所示：

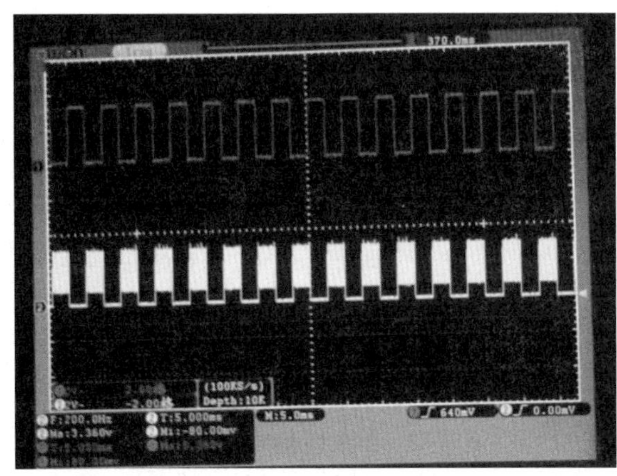

图 8.4　200 Hz 声音时的通道 2 和通道 3 的波形

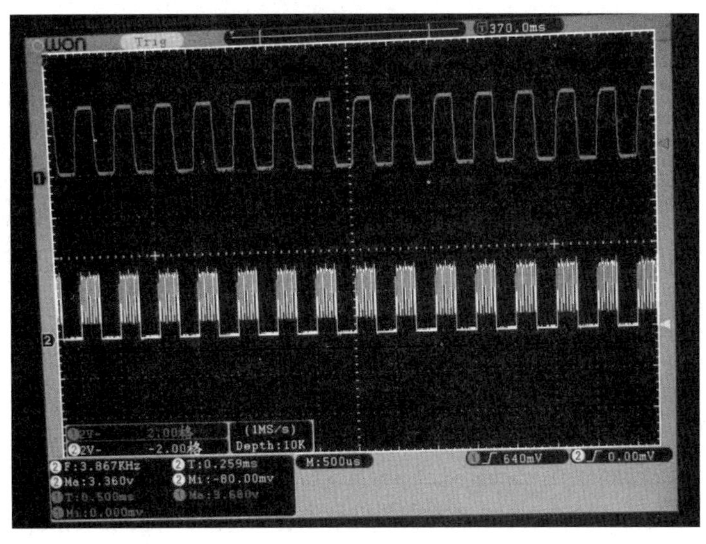

图 8.5　2000 Hz 声音时的通道 2 和通道 3 的波形

表 8.13　PERCFG (0xF1)——外设控制

位	名称	复位	R/W	描　述
6	T1CFG	0	R/W	定时器 1 的 I/O 位置 0：备用位置 1 1：备用位置 2

表 8.14　P2DIR (0xFF)——端口 2 方向和端口 0 外设优先级控制

位	名称	复位	R/W	描　　述
7:6	PRIP0[1:0]	0x00	R/W	端口 0 外设优先级控制。当 PERCFG 分配给一些外设到相同引脚的时候,这些位将确定优先级。 详细优先级列表: 00: 第 1 优先级:USART 0 第 2 优先级:USART 1 第 3 优先级:定时器 1 01: 第 1 优先级:USART 1 第 2 优先级:USART 0 第 3 优先级:定时器 1 10: 第 1 优先级:定时器 1 通道 0-1 第 2 优先级:USART 1 第 3 优先级:USART 0 第 4 优先级:定时器 1 通道 2-3 11: 第 1 优先级:定时器 1 通道 2-3 第 2 优先级:USART 0 第 3 优先级:USART 1 第 4 优先级:定时器 1 通道 0-1

表 8.15　P0SEL (0xF3)——端口 0 功能选择

位	名称	复位	R/W	描　　述
7:0	SELP0_[7:0]	0x00	R/W	P0.7 到 P0.0 功能选择 0:通用 I/O 1:外设功能

表 8.16　P0DIR (0xFD)——端口 0 功能选择

位	名称	复位	R/W	描　　述
7:0	DIRP0_[7:0]	0x00	R/W	P0.7 到 P0.0 的 I/O 方向 0:输入 1:输出

表 8.17　T1CCTL3 (0x62A3)——定时器 1 通道 3 捕获/比较控制

位	名称	复位	R/W	描　　述
7	RFIRQ	0	R/W	设置时使用 RF 捕获而不是常规捕获输入。
6	IM	1	R/W	通道 3 中断屏蔽。设置时使能中断请求。

续　表

位	名称	复位	R/W	描　述
5:3	CMP[2:0]	000	R/W	通道 3 比较模式选择。当定时器的值等于在 T1CC3 中的比较值时选择操作输出。 000：在比较设置输出 001：在比较清除输出 010：在比较切换输出 011：在向上比较设置输出，在 0 清除。否则在比较设置输出，在 0 清除。 100：在向上比较清除输出，在 0 设置。否则在比较清除输出，在 0 设置。 101：当等于 T1CC0 时清除，当等于 T1CC3 时设置 110：当等于 T1CC0 时设置，当等于 T1CC3 时清除 111：初始化输出引脚。CMP[2:0]不变。
2	MODE	0	R/W	模式。选择定时器 1 通道 3 捕获或者比较模式。 0：捕获模式 1：比较模式
1:0	CAP[1:0]	00	R/W	通道 3 捕获模式选择。 00：未捕获 01：上升沿捕获 10：下降沿捕获 11：所有沿捕获

表 8.18　T1CC0H (0xDD)——定时器 1 通道 1 捕获/比较值高位

位	名称	复位	R/W	描　述
7:0	T1CC0[15:8]	0x00	R/W	定时器 1 通道 0 捕获/比较值，高位字节。当 T1CCTL0.MODE=1(比较模式)时写 0 到该寄存器导致 T1CC0[15:0]更新写入值延迟到 T1CNT=0x0000。

表 8.19　T1CC0L (0xDA)——定时器 1 通道 0 捕获/比较值低位

位	名称	复位	R/W	描　述
7:0	T1CC0[7:0]	0x00	R/W	定时器 1 通道 0 捕获/比较值，低位字节。写到该寄存器的数据被存储到一个缓存中，但是不写入 T1CC0[7:0]，直到后一次写 T1CC0H 生效。

大致就这些寄存器和位了，接下来是设置这些寄存器：

```
PERCFG &= ~0x40;        //采用可变的配置 1 设置 Timer1 的控制通道
P2DIR |= 0xC0;          //外设优先级选择：Timer 1 的通道 2-3
P0DIR |= 0x20;          // P0_5 =输出
P0SEL |= 0x20;          //设置 I/O 口为设备 I/O

T1CTL &= ~0x03;         //停下定时器
T1CNTL = 0  ;           //清 0 计数器
```

```
T1STAT &= 0x17;      //清溢出中断状态标志,清 TIMER1 的通道 3 中断标志
T1CCTL3 &= ~0x6B;  //通道 3 比较模式设置,~6B=10010100,清第 0,1,3,5,6 位,屏蔽通道 3 中断请求
T1CCTL3 |= 0x14;     // 0x14=00010100 设置比较模式 101:当等于 T1CC0 时清除,当等于 T1CC3 时设置
```

不同的计数值和比较值,决定了 PWM 波的占空比,以下设置高低电平占空比为 1∶1:

```
T1CC3L = LO_UINT16(ticks>>1);
T1CC3H = HI_UINT16(ticks>>1);
T1CC0L = LO_UINT16(ticks);
T1CC0H = HI_UINT16(ticks);//这样产生的波中,高低电平占空比为 1∶1
```

具体程序实现,见程序清单。

8.3.3 程序清单

清单 1:Buzzer.c

说明:以下程序实现了产生指定频率的声音,频率范围从 1Hz 开始一直可到超声波的频率范围

```
#include <ioCC2540.h>
#include <hal_defs.h>
#include <base.h>
#include "buzzer.h"
/** \briefInitialize buzzer *
* This will initialize the buzzer **/
void buzzerInit(void)
{
#if defined ( CC2540_MINIDK )
    // Buzzer connected at P0_5
    // We will use Timer 1 Channel 3
    // Channel 3 will toggle on compare with 0 and counter will
    // count in up/down mode to T1CC3.
    PERCFG &= ~0x40;           //采用可变的配置 1 设置 Timer1 的控制通道
    P2DIR |= 0xC0;             //外设优先级选择: Timer 1 的通道 2-3
    P0DIR |= 0x20;             // P0_5 =输出
    P0SEL |= 0x20;             //设置 I/O 口为设备 I/O
    P0DIR |= 0x10;             // P0_4 =输出
    P0SEL |= 0x10;             //设置 I/O 口为设备 I/O
    T1CTL &= ~0x03;          //停下定时器
    T1CNTL = 0  ;            //清 0 计数器
    T1STAT &= 0x13;          //清溢出中断状态标志,清 TIMER1 的通道 2,3 中断标志
    T1CCTL3 &= ~0x6B;      //通道 3 比较模式设置,~6B=10010100,清第 0,1,3,5,6 位,屏蔽通道 3 中断请求
```

```
    T1CCTL3 |= 0x14;    // 0x14=00010100 设置比较模式 101:当等于 T1CC0 时清除,当
    等于 T1CC3 时设置
    T1CCTL2 &= ~0x6B;   //通道 3 比较模式设置,~6B=10010100, 清第 0,1,3,5,6 位,
    屏蔽通道 3 中断请求
    T1CCTL2 |= 0x14;    // 0x14=00010100 设置比较模式 101:当等于 T1CC0 时清除,当
    等于 T1CC2 时设置
#endif
}

/** \briefStarts the buzzer
*
* Starts the buzzer with given frequency
*
* \param[in]         frequency
*       The frequency in Hertz of the sound to output
* @return   1 successful - 0 if frequency invalid
*/
uint8 buzzerStart(uint16 frequency)
{
#if defined ( CC2540_MINIDK )

    uint8 prescaler = 0;
    uint8 i=0;
    //获取当前时钟分频设置
    uint8 tickSpdDiv = (CLKCONSTA & 0x38)>>3;
    //检查频率是否过低,目前支持 1Hz 的频率
    // 15 Hz = 32MHz / 65536 (8bit counter) / 4 (μp/down counter and toggle on com-
    pare)/128
    if (frequency < (1 >> tickSpdDiv)){
        buzzerStop();
        return 0;
    }

    //计算通道的比较计数值
    uint32 ticks = (16000000/frequency) >> tickSpdDiv;        // 8000000 = 32M / 4;
    while (HIWORD(ticks) )  //获取 32 位整数的高 16 位,因为计数器只能使用 16 位计数
    {
        if(i++==0)
          ticks >>= 3;
        else
          ticks >>= 2;
        prescaler += 4;          //分频增加
```

```
    }

    // Update registers
    T1CTL &= ~0x0C;                //停止定时器
    T1CTL |= prescaler;          //设置分频

    T1CC3L = LO_UINT16(ticks>>1);
    T1CC3H = HI_UINT16(ticks>>1);
    T1CC2L = LO_UINT16(ticks>>1);
    T1CC2H = HI_UINT16(ticks>>1);

    T1CC0L = LO_UINT16(ticks);
    T1CC0H = HI_UINT16(ticks);//这样产生的波中,高低电平占空比为1:1
    // Start timer
    T1CTL |= 0x03;
#endif
    return 1;
}
```

清单2:Main.c

说明:采用按键中断方式,以产生类似Do,Rei,Mi,Fa,So,La,Xi,Do之类的声音

```
#include "hal_types.h"
#include "hal_key.h"
#include "hal_timer.h"
#include "OnBoard.h"
#include "buzzer.h"

#define LED1          P1_0        //Green
#define LED2          P1_1        //Yellow
#define LED3          P2_0        //Red
#define KEY1          P0_0        //需短路J12上9-10
#define KEY2          P0_1        //需短路J12上7-8
#define KEY3          P0_4
#define BUZZ          P0_5        //短路J12上5-6打开蜂鸣器报警提醒,输出高电平蜂鸣
                                  器响。

void init_led()
{
  P1SEL &= 0xFC;
  P2SEL &= 0xFE;
  P1DIR |= ~0xFC;
  P2DIR |= ~0xFE;
```

```
}

void init_key()
{
    P0SEL &= ~BV(0); //设置 KEY1 口———GPIO
    P0DIR &= ~BV(0); //设置 KEY1 口———输入模式
    //P0INP &= ~BV(0); //设置 KEY1 口———上拉下拉模式,外部可以不上拉
    //P2INP &= ~BV(5); //设置 P0 口———上拉模式
    P0INP |= BV(0); //设置 KEY1 口———浮空输入模式,要求外部上拉
    PICTL |= BV(0);  //设置 P0 口———输入的下降沿引起中断
    P0IEN |= BV(0);  //设置 KEY1 口———合上 KEY1 口中断开关
    IEN1 |= BV(5);     //设置 P0 口———合上 P0 中断开关
    P0IFG = 0;         //清中断标志
    P0IF = 0;         //清中断标志,
    EA=1;                //合上系统所有中断总开关
}
//要求每按一下 Key1,LED 灯亮一下,依次发出 Do Rei Mi Fa So La SI...之类的声音,一直
按下去,则重复
int main(void)
{
    HAL_BOARD_INIT();
    init_key();
    buzzerInit();
    while(1);
    return 0;
}

/********************************
中断处理函数
********************************/
#pragma vector = P0INT_VECTOR //格式:#pragma vector = 中断向量,// 紧接着是中
断处理程序
__interrupt void P0_ISR(void)
{
    static unsigned char i=2,s=1;
    LED1=0;//LED 灯亮
    if(s>40)
    {
        i=1;
        s=0;
        buzzerStop();
    }
```

```
    if(s>0)
      buzzerStart(200 * s);
    s+=i++;
    while(! KEY1);
    LED1=1;////LED 灯灭
    P0IFG = 0;        //清中断标志
    P0IF = 0;       //清中断标志,
}
```

第9章　串口实验

串口可以说基本是每一个 MCU 的标准配置，从最原始的 8051 一直到现在的各种类型，名目繁多的 MCU 基本上都配置了串口模块，可见串口的重要性。串口，我觉得起码在你调试程序的时候，可以打印一些信息，从而帮助你调试，有了串口，就算你没有什么 JLINK、JTAG、CCDEBUG 等那些调试工具，也能帮助你调试，当然效率比有调试工具差很多。除了调试，串口广泛应用于工控、通信等领域。串口的特点当然是简单、易用，但功能又很强大。今后大部分实验的效果都将通过串口演示，为此，先调通串口吧。

9.1　打印欢迎信息

还记得第一个 C 程序吗，那都是以屏幕打印"hello world!"开始，但截至目前物联网学习为止，还没有一个"hello world!"的简单程序，效果演示就是靠 LED 灯，那太单调了，很多效果演示不来。接下来就是要来实现这个"梦想"，让 CC2540 打印"hello world!"，只是会通过串口打印到计算机屏幕上。有了串口打印功能，今后所有的实验都能通过串口打印来演示了。

9.1.1　任务要求及效果呈现

任务要求：在串口控制台循环打印"hello world!"信息如图 9.1 所示。

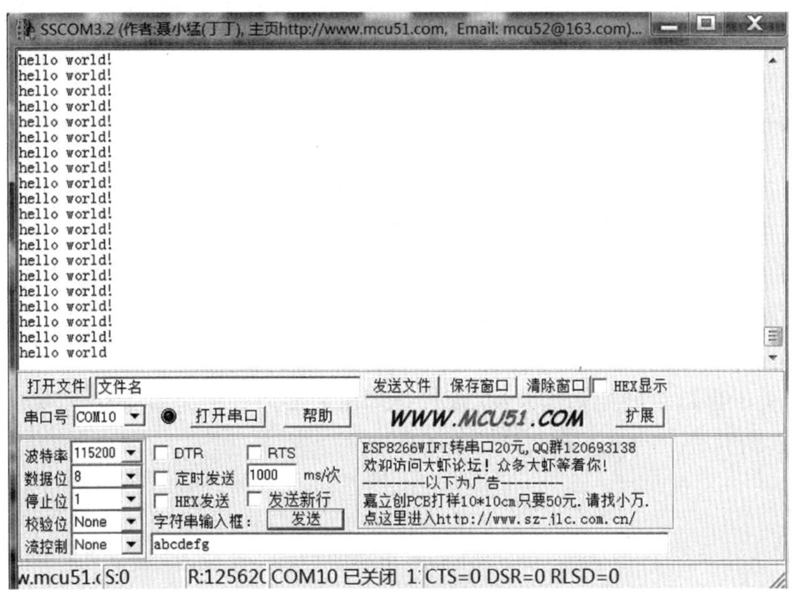

图 9.1　打印欢迎信息

9.1.2 实验原理

首先从芯片手册了解该芯片串口模块功能。在 UART 模式中，接口使用 2 线或者含有引脚 RXD、TXD、可选 RTS 和 CTS 的 4 线。UART 模式的操作具有下列特点：

- 8 位或者 9 位负载数据；
- 奇校验、偶校验或者无奇偶校验；
- 配置起始位和停止位电平；
- 配置 LSB 或者 MSB 首先传送；
- 独立收发中断；
- 独立收发 DMA 触发；
- 奇偶校验和帧校验出错状态。

UART 模式提供全双工传送，接收器中的位同步不影响发送功能。传送一个 UART 字节包含 1 个起始位、8 个数据位、1 个作为可选项的第 9 位数据或者奇偶校验位再加上 1 个或 2 个停止位。注意，虽然真实的数据包含 8 位或者 9 位，但是，数据传送只涉及 1 个字节。UART 操作由 USART、状态寄存器 UxCSR 以及 UART 控制寄存器 UxUCR 来控制。这里的 x 是 USART 的编号，其数值为 0 或者 1。

当 UxCSR. MODE 设置为 1 时，就选择了 UART 模式。

UART 发送

当 UART 收/发数据缓冲器、寄存器 UxBUF 写入数据时，该字节会发送到输出引脚 TXDx。UxBUF 寄存器是双缓冲的，当字节传送开始时，UxCSR. ACTIVE 位变为高电平，而当字节传送结束时为低。当传送结束时，UxCSR. TX_BYTE 位设置为 1。当 USART 收/发数据缓冲寄存器就绪，准备接收新的发送数据时，就产生了一个中断请求。该中断在传送开始之后立刻发生，因此，当字节正在发送时，新的字节能够装入数据缓冲器。

UART 接收

当 1 写入 UxCSR. RE 位时，在 UART 上数据接收就开始了。然后 UART 会在输入引脚 RXDx 中寻找有效起始位，并且设置 UxCSR. ACTIVE 位为 1。当检测出有效起始位时，收到的字节就传入到接收寄存器，UxCSR. RX_BYTE 位设置为 1。该操作完成时，产生接收中断，同时 UxCSR. ACTIVE 变为低电平。通过寄存器 UxBUF 提供收到的数据字节，当 UxBUF 读出时，UxCSR. RX_BYTE 位由硬件清 0。

以上是关于串口功能的初步介绍，现在就列出需要用到的串口寄存器和相应的位吧。如表 9.1～9.6 所示。

表 9.1 U0CSR (0x86)——USART 0 控制和状态

位	名称	复位	R/W	描述
7	MODE	0	R/W	USART 模式选择 0：SPI 模式 1：UART 模式
6	RE	0	R/W	UART 接收器使能。注意在 UART 完全配置之前不使能接收。 0：禁用接收器 1：接收器使能
5	SLAVE	0	R/W	SPI 主或者从模式选择 0：SPI 主模式 1：SPI 从模式
4	FE	0	R/W0	UART 帧错误状态 0：无帧错误检测 1：字节收到不正确停止位级别
3	ERR	0	R/W0	UART 奇偶错误状态 0：无奇偶错误检测 1：字节收到奇偶错误
2	RX_BYTE	0	R/W0	接收字节状态。URAT 模式和 SPI 从模式。当读 U0DBUF 该位自动清除，通过写 0 清除它，这样就能有效丢弃 U0DBUF 中的数据。 0：没有收到字节 1：准备好接收字节
1	TX_BYTE	0	R/W0	传送字节状态，用于 URAT 模式和 SPI 主模式。 0 字节没有被传送 1 写到数据缓存寄存器的最后字节被传送
0	ACTIVE	0	R	USART 传送/接收主动状态，在 SPI 从模式下该位等于从模式选择。 0：USART 空闲 1：在传送或者接收模式 USART 忙碌

表 9.2 U0UCR (0xC4)——USART 0 UART 控制

位	名称	复位	R/W	描述
7	FLUSH	0	R0/W1	清除单元。当设置时，该事件将会立即停止当前操作并且返回单元的空闲状态。
6	FLOW	0	R/W	UART 硬件流使能。用 RTS 和 CTS 引脚选择硬件流控制的使用。 0：流控制禁止 1：流控制使能

续 表

位	名称	复位	R/W	描　　述
5	D9	0	R/W	UART 奇偶校验位。当使能奇偶校验，写入 D9 的值决定发送的第 9 位的值，如果收到的第 9 位不匹配收到字节的奇偶校验，接收时报告 ERR。如果奇偶校验使能，那么该位设置以下奇偶校验级别。 0：奇校验 1：偶校验
4	BIT9	0	R/W	UART 9 位数据使能。当该位是 1 时，使能奇偶校验位传输（即第 9 位）。如果通过 PARITY 使能奇偶校验，第 9 位的内容是通过 D9 给出的。 0：8 位传送 1：9 位传送
3	PARITY	0	R/W	UART 奇偶校验使能。必须使能 9 位模式，才可使能奇偶校验计算。 0：禁用奇偶校验 1：奇偶校验使能
2	SPB	0	R/W	UART 停止位的位数。选择要传送的停止位的位数： 0：1 位停止位 1：2 位停止位
1	STOP	1	R/W	UART 停止位的电平必须不同于开始位的电平： 0：停止位低电平 1：停止位高电平
0	START	0	R/W	UART 起始位电平。闲置线的极性采用选择的起始位级别的电平的相反的电平。 0：起始位低电平 1：起始位高电平

表 9.3　U0GCR (0xC5)——USART 0 通用控制

位	名称	复位	R/W	描　　述
7	CPOL	0	R/W	SPI 的时钟极性： 0：负时钟极性 1：正时钟极性
6	CPHA	0	R/W	SPI 时钟相位： 0：当 SCK 从 CPOL 倒置到 CPOL 时数据输出到 MOSI，并且当 SCK 从 CPOL 倒置到 CPOL 时数据输入抽样到 MISO。 1：当 SCK 从 CPOL 倒置到 CPOL 时数据输出到 MOSI，并且当 SCK 从 CPOL 倒置到 CPOL 时数据输入抽样到 MISO。
5	ORDER	0	R/W	UART 奇偶校验位。当使能奇偶校验，写入 D9 的值决定发送的第 9 位的值，如果收到的第 9 位不匹配收到字节的奇偶校验，接收时报告 ERR。 如果奇偶校验使能，那么该位设置以下奇偶校验级别。 0：奇校验 1：偶校验

续　表

位	名称	复位	R/W	描　　述
4:0	BAUD_E[4:0]	0 0000	R/W	传送位顺序 0：LSB 先传送 1：MSB 先传送

表 9.4　U0BUF (0xC1)——USART 0 接收/传送数据缓存

位	名称	复位	R/W	描　　述
7:0	DATA[7:0]	0x00	R/W	USART 接收和传送数据。当写这个寄存器的时候数据被写到内部，传送到数据寄存器。当读取该寄存器的时候，数据来自内部读取的数据寄存器。

表 9.5　U0BAUD (0xC2)——USART 0 波特率控制

位	名称	复位	R/W	描　　述
7:0	BAUD_M[7:0]	0x00	R/W	波特率小数部分的值。BAUD_E 和 BAUD_M 决定了 UART 的波特率和 SPI 的主 SCK 时钟频率。

表 9.6　P2DIR (0xFF)——端口 2 方向和端口 0 外设优先级控制

位	名称	复位	R/W	描　　述
7:6	PRIP0[1:0]	0x00	R/W	端口 0 外设优先级控制。当 PERCFG 分配给一些外设到相同引脚的时候，这些位将确定优先级。 详细优先级列表： 00： 第 1 优先级：USART 0 第 2 优先级：USART 1 第 3 优先级：定时器 1 01： 第 1 优先级：USART 1 第 2 优先级：USART 0 第 3 优先级：定时器 1 10： 第 1 优先级：定时器 1 通道 0-1 第 2 优先级：USART 1 第 3 优先级：USART 0 第 4 优先级：定时器 1 通道 2-3 11： 第 1 优先级：定时器 1 通道 2-3 第 2 优先级：USART 0 第 3 优先级：USART 1 第 4 优先级：定时器 1 通道 0-1

需要配置的就这几个寄存器，算是比较少的了。还有需要说明一下波特率的设置，公式如下：

Baud Rate＝(256＋BAUD_M)X(2^(BAUD_E－28)) * f

其中 f 是系统时钟，看上去有点复杂，其实有更简单的，如表 9.7 所示，用于配置一些固定的常用波特率，由于要设置为 115 200，所以直接查表就好了。

表 9.7　32 MHz 系统的常用波特率设置

Baud Rate((bps))	UxBAUD. BAUD_M	UxGCR. BAUD_E	Error(%)
19 200	59	9	0.14
28 800	216	9	0.03
38 400	59	10	0.14
57 600	216	10	0.03
76 800	59	11	0.14
115 200	216	11	0.03
230 400	216	12	0.03

以下是串口初始化：

```
P2DIR &= ~0xC0;  //当 PERCFG 分配给几个外设到相同引脚的时候，设置 UART0 引脚优先
PERCFG &= ~0x01; //在 P0 上设置 UART 的备用功能 1.
ADCCFG &= ~0x0C;  //如果 ADC 配置了 RX,TX 为模拟口，则该语句将去除模拟功能.
P0SEL  |= 0x0C;      //设置 P0_3,P0_2 为 Tx Rx.
U0CSR = 0x80;        //设置 UART 模式.
U0BAUD = 216; //波特率设置为 115200
U0GCR = 11;
/* 停止位高电平，也就是空闲时高电平，禁用奇偶校验，1 位停止位，流控制禁止，起始位低电平 */
U0UCR = 0x80;
U0UCR |= 0x02;
U0CSR |= 0x40;            //使能接收
URX0IE = 1; //使能接收中断
IEN2 |= BV(2); //发送中断使能
UTX0IF=0;   //清发送中断标志
```

以下是发送数据代码：

```
U0DBUF= * p++;          //字符写入发送缓冲区
while(UTX0IF! =1); //等待发送完毕
UTX0IF=0;           //清中断标志
```

9.1.3 程序清单

```
#include "base.h"
#include "hal_types.h"
#include "hal_board.h"
void uart0_init()
{
  P2DIR &= ~0xC0;            //当 PERCFG 分配给几个外设到相同引脚的时候,设置
  UART0 引脚优先
  PERCFG &= ~0x01;    //在 P0 上设置 UART 的备用功能 1.
  ADCCFG &= ~0x0C;        //如果 ADC 配置了 RX,TX 为模拟口,则该语句将去除模拟
  功能.
  P0SEL  |= 0x0C;      //设置 P0_3,P0_2 为 Tx Rx.
  U0CSR = 0x80;                //设置 UART 模式.
  U0BAUD = 216; //波特率设置为 115200
  U0GCR = 11;
  /* 停止位高电平,也就是空闲时高电平,禁用奇偶校验,1 位停止位,流控制禁止,起始位低
  电平 */
  U0UCR = 0x80;
  U0UCR |= 0x02;
  U0CSR |= 0x40;          //使能接收
  URX0IE = 1; //使能接收中断
  IEN2 |= BV(2); //发送中断使能
  UTX0IF=0;   //清发送中断标志
}

//发送字符串
void uart_send( const char * buff)
{
  const char * p=buff;
  while( * p)
  {
    U0DBUF= * p++;       //字符写入发送缓冲区
    while(UTX0IF! =1); //等待发送完毕
    UTX0IF=0;           //清中断标志
  }
}

//要求打印欢迎消息
const char XDATA buff[]=" hello world! \r\n ";
int main(void)
{
```

```
    HAL_BOARD_INIT();
    uart0_init();
    while(1)
    {
      uart_send(buff);
    }
    return 0;
  }
```

9.2 用 printf 打印系统信息

以上例程打印字符串没有任何问题，但要是能格式化打印，如同 printf 那样打印，就好了。本实验将介绍如何让 printf 定向到串口输出打印信息，printf 是 C 标准库函数，功能强大，能输出各种格式的字符串，比如本实验要输出系统的各种信息，则非 printf 打印输出莫属。如图 9.2 所示的打印，信息量够大吧！

9.2.1 任务要求及效果呈现

任务要求：使用 C 语言标准库函数 printf 从串口输出打印系统信息。

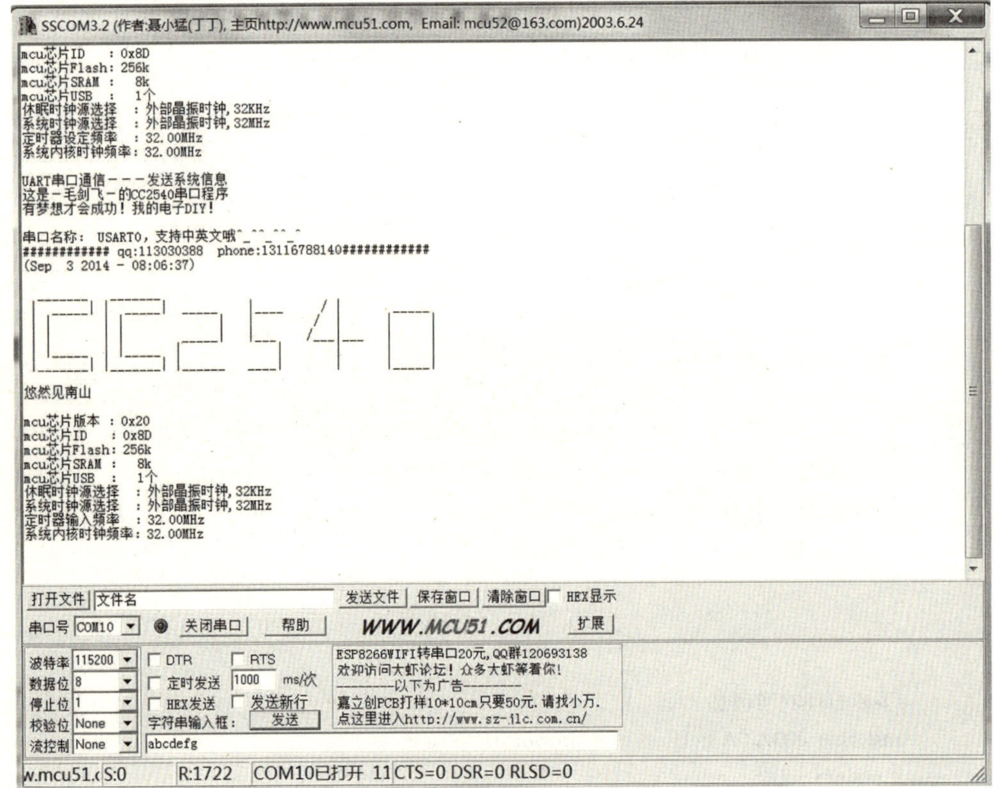

图 9.2　串口输出系统硬件信息

9.2.2 实验原理

printf 是 C 库函数，其本质是调用了 putchar 函数，这个函数是个系统回调函数，如果实现了这个函数，这个函数仅仅一个参数，就是输入的字符，不用考虑任何格式，所以如果实现了 putchar 函数，那么各种格式的输出就都实现了。以下是最主要的 putchar 函数实现：

```
__near_func int putchar(int ch)
{
  U0DBUF=ch;
  while(UTX0IF! =1); //等待发送完毕
  UTX0IF=0;            //清中断标志
  return ch;
}
```

打印系统信息，还用到了好几个系统寄存器以获取系统信息，这些寄存器的说明如表 9.8～9.11 所示：

表 9.8　CHVER (0x6249)——芯片版本

位	名称	复位	R/W	描　　述
7:0	VERSION[7:0]	取决于芯片	R	芯片版本号

表 9.9　CHIPID (0x624A)——芯片 ID

位	名称	复位	R/W	描　　述
7:0	VERSION[7:0]	取决于芯片	R	Chip identification number. dependent CC2530: 0xA5 CC2531: 0xB5 CC2533: 0x95 CC2540: 0x8D

表 9.10　CHIPINFO0 (0x6276)——芯片信息字节 0

位	名称	复位	R/W	描　　述
7	—	0	R0	未使用。总是 0。
6:4	FLASHSIZE[2:0]	取决于芯片	R	闪存大小。001-32 KB, 010-64 KB, 011-128 KB, 100-256 KB
3	USB	取决于芯片	R	如果芯片有 USB 是 1，否则是 0
2	—	1	R1	未使用。总是 0。
1:0	—	00	R0	未使用。总是 0。

表 9.11 CHIPINFO1 (0x6277)——芯片信息字节 1

位	名称	复位	R/W	描　　述
7:3	—	0000 0	R0	未使用。总是 0。
2:0	SRAMSIZE[2:0]	取决于芯片	R	SRAM 大小,以 KB 大小减 1 为单位。例如一个 4-KB 设备的这个域设置为 011。这个数加 1 得到可用 KB 的数量。

9.2.3 程序清单

```
#include "stdio.h"
#include "base.h"
#include "hal_types.h"
#include "hal_board.h"

#define DEMO_NAME    "UART 串口通信———发送系统信息"
#define COM_NAME                "USART0"
static const char *   sOsc[]={"外部晶振时钟", "内部 RC 振荡时钟"};
static const uchar   CC2540_STR[] = {"\r\n"\
          "  _______   _______                                    \r\n"\
          "|   _____| |   _____|   _____     |____      / |        _____      \r\n"\
          "| |         | |              |    |          /  |       |     |     \r\n"\
          "| |         | |          _____|    |___     /___|___    |     |     \r\n"\
          "| |_____   | |_____    |               |          |      |     |      \r\n"\
          "|_______| |_______| |______    ____|          |      |_____|     \r\n"\
          "\r\n 悠然见南山 \r\n"\
          "\r\n"};

void print_sys_info()
{
 //   uint8 i,j;
 /* Output a message on Hyperterminal using printf function */
    printf("\r\n 这是一毛剑飞一的 CC2540 串口程序\r\n");
    printf("有梦想才会成功! 我的电子 DIY! \r\n\r\n");
    printf("串口名称: %s,支持中英文哦^_^^_^^_^\r\n", COM_NAME );
    printf("############# qq:113030388   phone:13116788140######
    #######\r\n");
    printf("("__DATE__ " - " __TIME__ ")\r\n");
    printf("%s", CC2540_STR);
    printf(" mcu 芯片版本: 0x%x\r\n",CHVER);
    printf(" mcu 芯片 ID   : 0x%x\r\n",CHIPID);
    printf(" mcu 芯片 Flash:%3dk\r\n",((short)16)<<(CHIPINFO0>>4));
```

```
    printf(" mcu 芯片 SRAM：%3dk\r\n ",1+CHIPINFO1)；
    printf(" mcu 芯片 USB  ：%3d 个\r\n ",CHIPINFO0>>3&0x01)；
    printf("休眠时钟源选择  ：%s,32KHz\r\n ",sOsc[CLKCONSTA>>7])；
    printf("系统时钟源选择  ：%s ",sOsc[CLKCONSTA>>6&0x01])；
    printf(",%dMHz\r\n ",(2-(CLKCONSTA>>6&0x01))<<4)；
    printf("定时器输入频率  ：%0.2fMHz\r\n ",0.25 * (128>>(CLKCONSTA>>
    3&0x07)))；
      printf ( " 系 统 内 核 时 钟 频 率：% 0. 2fMHz \ r \ n \ r \ n ", 0. 25 * (128 >>
      (CLKCONSTA&0x07)))；
}

void uart0_init()
{
  P2DIR &= ~0xC0；                //当 PERCFG 分配给几个外设到相同引脚的时候，设置
  UART0 引脚优先
  PERCFG &= ~0x01；      //在 P0 上设置 UART 的备用功能 1.
  ADCCFG &= ~0x0C；         //如果 ADC 配置了 RX,TX 为模拟口，则该语句将去除模拟
  功能.
  P0SEL  |= 0x0C；          //设置 P0_3,P0_2 为 Tx Rx.
  U0CSR = 0x80；                   //设置 UART 模式.
  U0BAUD = 216；//波特率设置为 115200
  U0GCR = 11；
  /* 停止位高电平，也就是空闲时高电平，禁用奇偶校验，1 位停止位，流控制禁止，起始位低
  电平 */
  U0UCR = 0x80；
  U0UCR |= 0x02；
  U0CSR |= 0x40；              //使能接收
  URX0IE = 1；//使能接收中断
  IEN2 |= BV(2)；//发送中断使能
  UTX0IF=0；   //清发送中断标志
}

//实现 scanf,打印输入输出端口固定使用串口 0
__near_func int putchar(int ch)
{
  U0DBUF=ch；
  while(UTX0IF! =1)；//等待发送完毕
  UTX0IF=0；           //清中断标志
  return ch；
}

//要求输出系统硬件信息和打印欢迎消息
```

```
int main(void)
{
    HAL_BOARD_INIT();
    uart0_init();
    printf(DEMO_NAME);
    print_sys_info();
    while(1);
    return 0;
}
```

9.3 用 scanf、gets、printf 进行串口收发

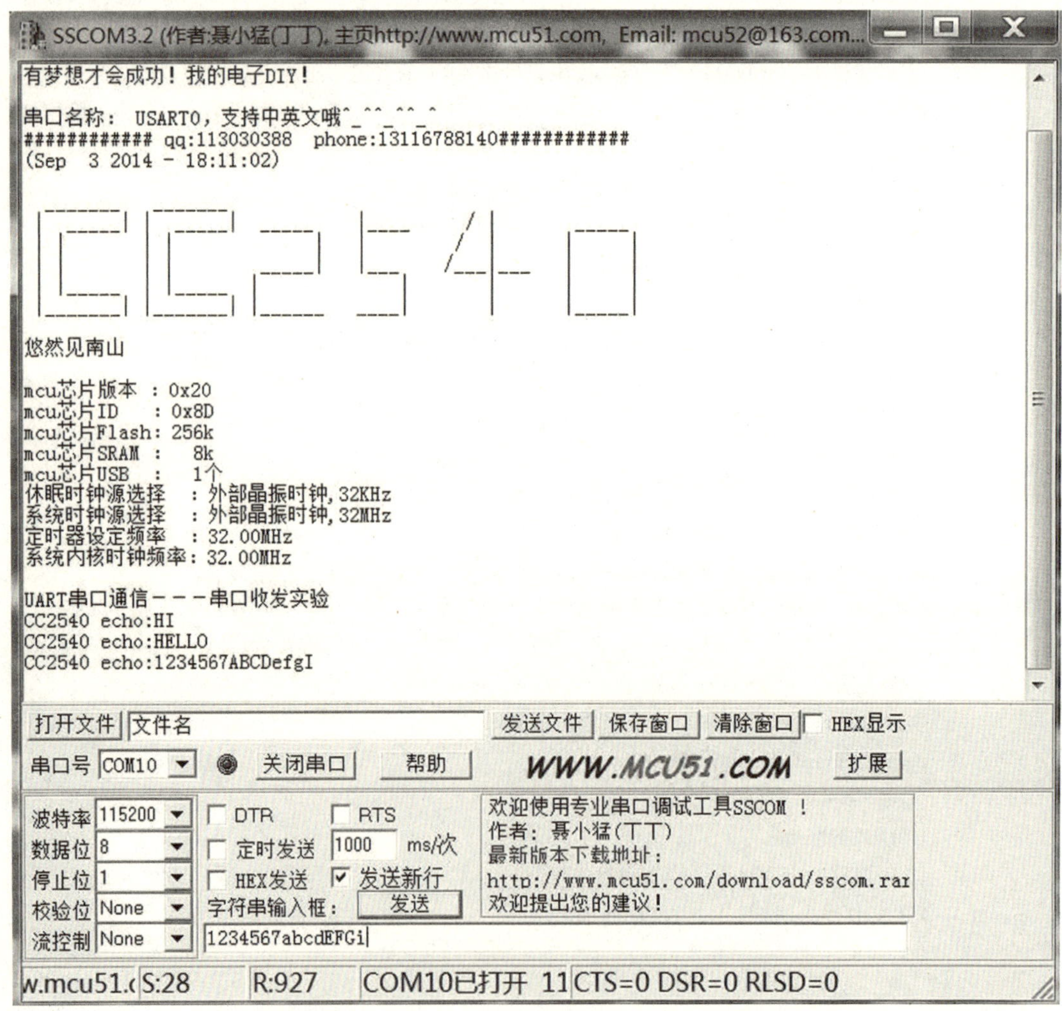

图 9.3 用 scanf 输入的串口收发实验(字符串不能含有空格)

既然 printf 能用 putchar 函数间接实现，那么同样的 C 库函数 scanf、gets，当然也想实现。这么做的理由简直太多了，要知道，scanf 的功能是非常强大的，能进行格式化的输入，能满足很多种格式的输入，如果这个也实现了，那就会变成输入神器！与 putchar 实现 printf 同样道理，猜想到的是这 2 个函数都是用 getchar 实现，果真如此吗？让我们来看看吧。

9.3.1 任务要求及效果呈现

要求实现标准 C 语言库函数 getchar，分别用 gets 和 scanf 从串口控制台读入数据，然后让字母大写变小写，小写变大写，再发送回控制台。效果图如图 9.3、9.4 所示：

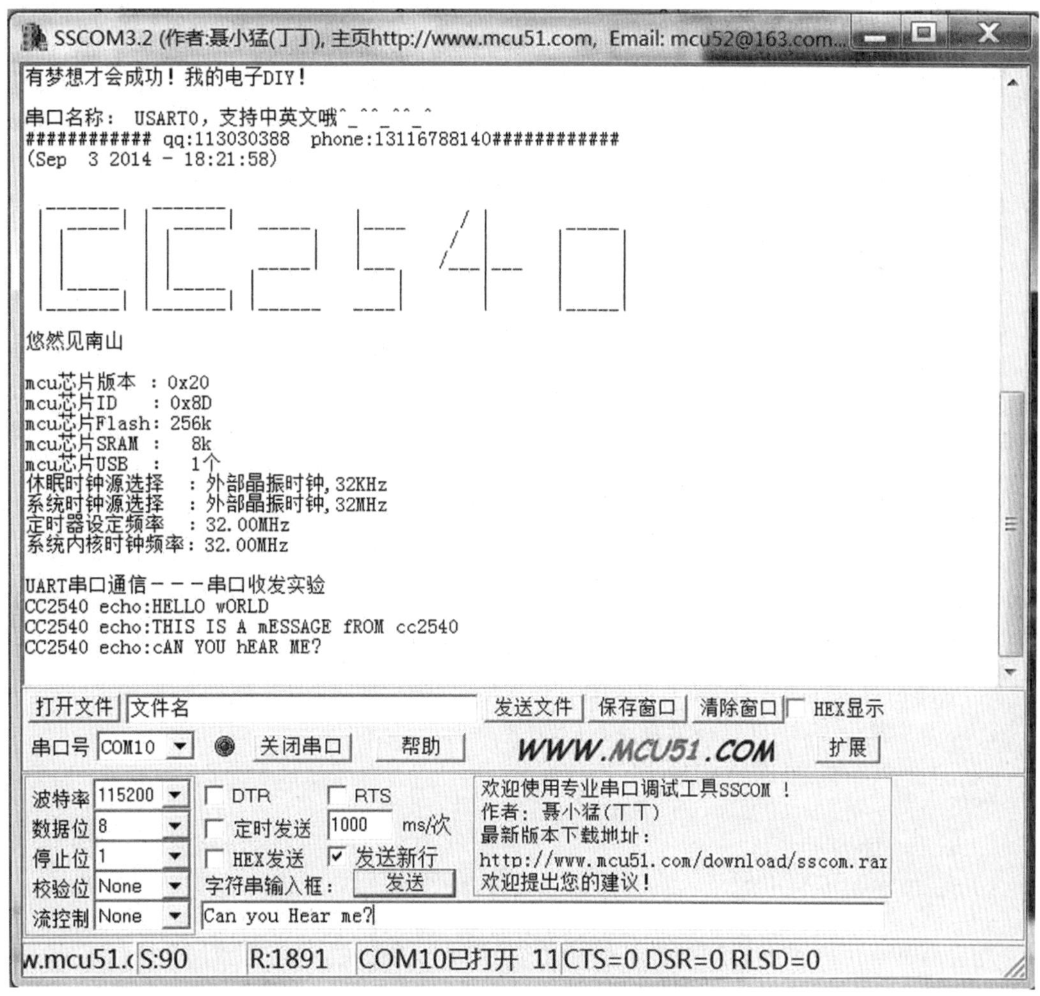

图 9.4　用 gets 输入的串口收发实验(字符串可含空格)

9.3.2 实验原理

scanf 函数功能相当强大，当然其实现也很复杂，而 gets 是读取一个字符串，功能也强大。2 个函数第一个是格式化输入，只要碰到空格、逗号、TAB 符号或者回车就算一次输入了，第二个函数就只能读入字符串，对于空格、逗号、TAB 符号统统接收，只是碰到回车符需结束输入。所以你若要输入一个字符串，那 gets 是再好不过的了，但如果要向系统输入整型、浮点型数据，那就只能用 scanf 了，两者看上去有较大的不同。但实际上，这 2 个函数在读取输入时，最终调用的函数都是 getchar 函数，而这个函数在系统只是一个空函数，留给去实现，这就给了很大的自由度，也不必关心 scanf、gets 实现的详细细节。而 getchar 函数形式非常简单，就只接收一个字符的输入，用串口实现非常简单。

之前已经介绍了串口相关的寄存器和位，以下来设置这些相关寄存器：

```
P2DIR &= ~0xC0;        //当 PERCFG 分配给几个外设到相同引脚的时候，设置 UART0 引脚优先
PERCFG &= ~0x01;       //在 P0 上设置 UART 的备用功能 1.
ADCCFG &= ~0x0C;       //如果 ADC 配置了 RX，TX 为模拟口，则该语句将去除模拟功能.
P0SEL  |= 0x0C;        //设置 P0_3，P0_2 为 Tx Rx.
U0CSR = 0x80;          //设置 UART 模式.
U0BAUD = 216;          //波特率设置为 115200
U0GCR = 11;
/* 停止位高电平，也就是空闲时高电平，禁用奇偶校验，1 位停止位，流控制禁止，起始位低电平 */
U0UCR = 0x80;
U0UCR |= 0x02;
U0CSR |= 0x40;         //使能接收
URX0IE = 1; //使能接收中断
IEN2 |= BV(2); //发送中断使能
UTX0IF=0;    //清发送中断标志
URX0IF=0;    //清接收中断标志
```

接下来就是最重要的核心函数 getchar 的实现了，这个实现很简单。

```
//实现 scnaf，打印输入输出端口固定使用串口 0
__near_func int getchar(void)
{
  unsigned char c;
  while(URX0IF==0);
  c=U0DBUF;
 URX0IF=0;
  return c;
}
```

9.3.3 程序清单

说明：如要使用 scanf，则需将“//scanf("%s ", buff);”所在行取消注释，将“gets(buff);”所在行注释掉，否则演示的是使用 gets 的效果。

```
#include "stdio.h"
#include "ctype.h"
#include "string.h"
#include "base.h"
#include "hal_types.h"
#include "hal_board.h"
#define DEMO_NAME    "UART 串口通信———串口收发实验\r\n"
#define COM_NAME                    "USART0"
static const char *  sOsc[]={"外部晶振时钟","内部 RC 振荡时钟"};
static const uchar   CC2540_STR[] = {"\r\n"\
          "   _______   _______                                          \r\n"\
          "|  _____| |  _____|  _____     |____      / |        _____      \r\n"\
          "| |       | |               |   |        /  |       |     |     \r\n"\
          "| |       | |         _____|   |___     /___|___    |     |     \r\n"\
          "| |_____  | |_____  |               |        |      |     |     \r\n"\
          "|_______| |_______| |______    ____|        |      |_____|     \r\n"\
          "\r\n 悠然见南山 \r\n"\
      "\r\n"};
static uchar m_idxRead=0;   //读索引
static uchar m_idxWrite=0;  //写索引
static uchar m_Buff[256];

void print_sys_info()
{
 /* Output a message on Hyperterminal using printf function */
    printf("\r\n 这是一毛剑飞一的 CC2540 串口程序\r\n");
    printf("有梦想才会成功！我的电子 DIY！\r\n\r\n");
    printf("串口名称：%s,支持中英文哦^_^^_^^_^\r\n", COM_NAME);
    printf("############ qq:113030388   phone:13116788140######
    ######\r\n");
    printf("("__DATE__ " - " __TIME__ ")\r\n");
    printf("%s", CC2540_STR);
    printf("mcu 芯片版本：0x%x\r\n",CHVER);
    printf("mcu 芯片 ID   ：0x%x\r\n",CHIPID);
    printf("mcu 芯片 Flash:%3dk\r\n",((short)16)<<(CHIPINFO0>>4));
    printf("mcu 芯片 SRAM：%3dk\r\n",1+CHIPINFO1);
    printf("mcu 芯片 USB   ：%3d 个\r\n",CHIPINFO0>>3&0x01);
    printf("休眠时钟源选择   ：%s,32kHz\r\n",sOsc[CLKCONSTA>>7]);
    printf("系统时钟源选择   ：%s",sOsc[CLKCONSTA>>6&0x01]);
    printf(",%dMHz\r\n",(2-(CLKCONSTA>>6&0x01))<<4);
    printf("定时器设定频率   ：%0.2fMHz\r\n",0.25*(128>>(CLKCONSTA>>
    3&0x07)));
```

```
        printf ("系统内核时钟频率:%0.2fMHz\r\n\r\n",0.25 * (128>>
        (CLKCONSTA&0x07)));
}

void uart0_init()
{
  P2DIR &= ~0xC0;   //当 PERCFG 分配给几个外设到相同引脚的时候,设置 UART0 引
  脚优先
  PERCFG &= ~0x01;      //在 P0 上设置 UART 的备用功能 1.
  ADCCFG &= ~0x0C;        //如果 ADC 配置了 RX,TX 为模拟口,则该语句将去除模拟
  功能.
  P0SEL  |= 0x0C;       //设置 P0_3,P0_2 为 Tx Rx.
  U0CSR = 0x80;                    //设置 UART 模式.
  U0BAUD = 216; //波特率设置为 115200
  U0GCR = 11;
  /* 停止位高电平,也就是空闲时高电平,禁用奇偶校验,1 位停止位,流控制禁止,起始位低
  电平 */
  U0UCR = 0x80;
  U0UCR |= 0x02;
  U0CSR |= 0x40;       //使能接收
  URX0IE = 1; //使能接收中断
  UTX0IF=0;   //清发送中断标志
  URX0IF=0;   //清接收中断标志
}

//实现 printf,打印输入输出端口固定使用串口 0
__near_func int putchar(int ch)
{
  U0DBUF=ch;
  while(UTX0IF! =1); //等待发送完毕
  UTX0IF=0;            //清中断标志
  return ch;
}

//实现 scanf,gets,打印输入输出端口固定使用串口 0
__near_func int getchar(void)
{
  unsigned char c;
  while(URX0IF==0);
  c=U0DBUF;
 URX0IF=0;
  return c;
```

```
}

//要求串口从控制台接收一段数据,然后让字母大写变小写,小写变大写,再发送回控制台
int main(void)
{
  char buff[100], * p=buff;
  HAL_BOARD_INIT();
  uart0_init();
  print_sys_info();
  printf(DEMO_NAME);
  while(1)
  {
    p=buff;
    //scanf("%s",buff);  //要求不能有空格
    gets(buff);          //可以有空格
    while(*p)
    {
        if(isupper(*p))
            *p=tolower(*p);
        else if(islower(*p))
            *p=toupper(*p);
        p++;
    }
    printf("CC2540 echo:%s\r\n",buff);

  }
  return 0;
}
```

9.4　用串口接收中断方式进行串口收发

系统为串口收发都提供了相应的中断,中断方式显然比之前的软件查询方式要更有效率,用串口接收中断来试试吧。

9.4.1　任务要求及效果呈现

任务要求,采用串口接收中断方式收取数据,然后将小写变大写,大写变小写再发送回终端。效果呈现如图 9.5 所示。

9.4.2　实验原理

串口接收中断方式用到的寄存器及相关位如表 9.12～9.15 所示:

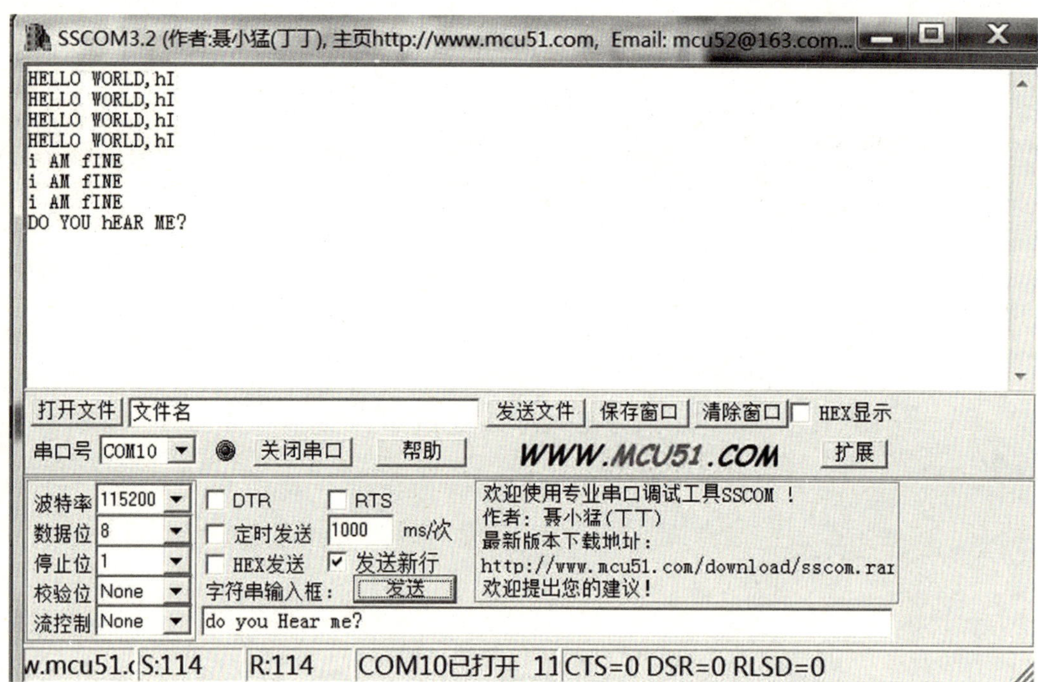

图 9.5　串口接收中断方式的收发实验

表 9.12　TCON (0x88)——中断标志

位	名称	复位	R/W	描　　述
3	URX0IF	0	R/WH0	USART 0 RX 中断标志。当 USART0 中断发生时设为 1 且 CPU 指向中断向量例程时清除。 0：无中断未决 1：中断未决

表 9.13　串口接收中断向量描述

中断号码	描述	中断名称	中断向量	中断屏蔽,CPU	中断标志,CPU
2	USART0 RX 完成	URX0	13h	IEN0. URX0IE	TCON. URX0IF

表 9.14　IEN0 (0xA8)——中断使能 0

位	名称	复位	R/W	描　　述
7	EA	0	R/W	禁用所有中断。 0：无中断被确认 1：通过设置对应的使能位将每个中断源分别使能和禁止
2	URX0IE	0	R/W	USART0 RX 中断使能。 0：中断禁止 1：中断使能

表 9.15　TCON (0x88)——中断标志

位	名称	复位	R/W	描　　述
3	URX0IF	0	R/WH0	USART 0 RX 中断标志。当 USART0 中断发生时设为 1 且 CPU 指向中断向量例程时清除。 0：无中断未决 1：中断未决

接下来就是设置相关寄存器了：

```
EA=0;  //关总中断开关
P2DIR &= ~0xC0;      //当 PERCFG 分配给几个外设到相同引脚的时候,设置 UART0
引脚优先
PERCFG &= ~0x01;     //在 P0 上设置 UART 的备用功能 1.
ADCCFG &= ~0x0C;        //如果 ADC 配置了 RX,TX 为模拟口,则该语句将去除模拟
功能.
P0SEL  |= 0x0C;        //设置 P0_3,P0_2 为 Tx Rx.
U0CSR = 0x80;                     //设置 UART 模式.
U0BAUD = 216; //波特率设置为 115200
U0GCR = 11;
/* 停止位高电平,也就是空闲时高电平,禁用奇偶校验,1 位停止位,流控制禁止,起始位低
电平 */
U0UCR = 0x80;
U0UCR |= 0x02;
U0CSR |= 0x40;   //使能接收
URX0IE = 1; //使能接收中断
UTX0IF=0;   //清发送中断标志
URX0IF=0;   //清接收中断标志
EA=1;       //开总中断开关
```

9.4.3 程序清单

说明：以下代码仅仅演示接收中断方式，由于未设置接收缓冲，一次发送的数据只能几个字节，如要一次发大量数据，则应根据实际设置接收缓冲区。

```
/* Hal Drivers */
#include "stdio.h"
#include "ctype.h"
#include "string.h"
#include "base.h"
#include "hal_types.h"
#include "hal_board.h"
void uart0_init()
{
```

```
  EA=0;   //关总中断开关
  P2DIR &= ~0xC0;   //当 PERCFG 分配给几个外设到相同引脚的时候,设置 UART0 引
  脚优先
  PERCFG &= ~0x01;     //在 P0 上设置 UART 的备用功能 1.
  ADCCFG &= ~0x0C;         //如果 ADC 配置了 RX,TX 为模拟口,则该语句将去除模拟
  功能.
  P0SEL  |= 0x0C;          //设置 P0_3,P0_2 为 Tx Rx.
  U0CSR = 0x80;                          //设置 UART 模式.
  U0BAUD = 216; //波特率设置为 115200
  U0GCR = 11;
  /*停止位高电平,也就是空闲时高电平,禁用奇偶校验,1 位停止位,流控制禁止,起始位低
  电平*/
  U0UCR = 0x80;
  U0UCR |= 0x02;
  U0CSR |= 0x40;   //使能接收
  URX0IE = 1; //使能接收中断
  UTX0IF=0;   //清发送中断标志
  URX0IF=0;   //清接收中断标志
  EA=1;        //开总中断开关
}
//要求串口从控制台接收一段数据,然后让字母大写变小写,小写变大写,再发送回控制台
int main(void)
{
  HAL_BOARD_INIT();
  uart0_init();
  while(1);
  return 0;
}

/********************************
中断处理函数
*********************************/
#pragma vector = URX0_VECTOR //格式:#pragma vector = 中断向量,// 紧接着是中
断处理程序
__interrupt void UART0_ISR(void)
{
  HAL_ENTER_ISR()
  uchar c=U0DBUF;
  URX0IF=0;
  if(isupper(c))
      c=tolower(c);
  else if(islower(c))
```

```
        c=toupper(c);
    U0DBUF=c;
    while(UTX0IF! =1); //等待发送完毕
    UTX0IF=0;           //清中断标志
    //清接收中断标志
    HAL_EXIT_ISR()
}
```

9.5　用串口收发中断和缓冲区进行串口收发

上一节没有采用缓冲方式进行收发，那么如果有十几个字符发送过来，再次发送回去，肯定会有字符丢失。如果采用字符串缓冲，就能解决这个问题。本节将同时使用串口的接收中断和发送中断功能，给大家呈现如何实现这两个中断功能。

9.5.1　任务要求及效果呈现

任务要求：用字符串缓冲方式接收串口数据，然后再发送出去，使得小写字母变大写，大写字母变小写。如图 9.6 所示。

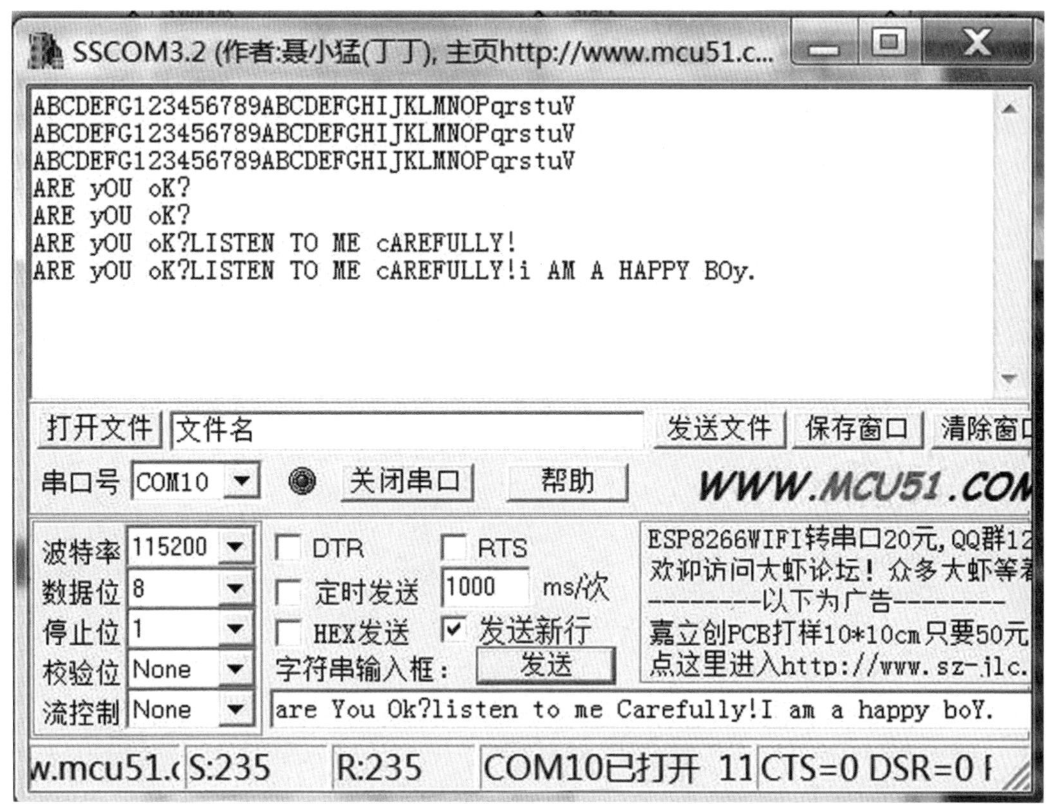

图 9.6　中断方式下的串口收发实验

9.5.2 实验原理

缓冲区接收串口数据方式,实现了串口数据的异步收发,可以等数据完全收全之后再发送。本次实验设置缓冲区大小为 256 个字节,寄存器设置比上一节增加了发送中断的使能和屏蔽。

```
        IEN2 |= BV(2); //发送中断使能
        UTX0IF=1; //引发发送中断
 增加了串口发送中断处理函数:
/* * * * * * * * * * * * * * * * * * * * * * * * * * * * *
中断处理函数
* * * * * * * * * * * * * * * * * * * * * * * * * * * * * */
#pragma vector = UTX0_VECTOR //格式:#pragma vector = 中断向量,紧接着是中断处理程序
__interrupt void UART0_SEND_ISR(void)
{
  HAL_ENTER_ISR()
  if(mIdxRead! =mIdxWrite)
  {
    UTX0IF=0;
    U0DBUF=mBuff[mIdxRead++];
  }
  else
    IEN2 &= ~BV(2); //除能发送中断
  HAL_EXIT_ISR()
}
```

9.5.3 程序清单

```
#include "stdio.h"
#include "ctype.h"
#include "string.h"
#include "base.h"
#include "hal_types.h"
#include "hal_board.h"

    static uchar mBuff[256];
static uchar mIdxRead=0, mIdxWrite=0;

void uart0_init()
{
  EA=0;    //关总中断开关
```

```
  P2DIR &= ~0xC0;      //当 PERCFG 分配给几个外设到相同引脚的时候,设置 UART0
  引脚优先
  PERCFG &= ~0x01;      //在 P0 上设置 UART 的备用功能 1.
  ADCCFG &= ~0x0C;        //如果 ADC 配置了 RX,TX 为模拟口,则该语句将去除模拟
  功能.
  P0SEL  |= 0x0C;        //设置 P0_3,P0_2 为 Tx Rx.
  U0CSR = 0x80;                  //设置 UART 模式.
  U0BAUD = 216; //波特率设置为 115200
  U0GCR = 11;
/*停止位高电平,也就是空闲时高电平,禁用奇偶校验,1 位停止位,流控制禁止,起始位低电
平*/
  U0UCR = 0x80;
  U0UCR |= 0x02;
  U0CSR |= 0x40;    //使能接收
  URX0IE = 1; //使能接收中断
  IEN2 |= BV(2); //发送中断使能,必须去除,才能使用非中断方式发送数据
  UTX0IF=0;    //清发送中断标志
  URX0IF=0;    //清接收中断标志
  EA=1;         //开总中断开关
}


//要求串口从控制台接收一段数据,然后让字母大写变小写,小写变大写,再发送回控制台
int main(void)
{
  HAL_BOARD_INIT();
  uart0_init();
  while(1);
  return 0;
}

/*****************************
中断处理函数
*****************************/
#pragma vector = URX0_VECTOR //格式:#pragma vector = 中断向量,紧接着是中断
处理程序
__interrupt void UART0_RECEIVE_ISR(void)
{
  HAL_ENTER_ISR()
  uchar c=U0DBUF;
  if(isupper(c))
      c=tolower(c);
```

```
    else if(islower(c))
        c=toupper(c);
    mBuff[mIdxWrite++]=c;
    URX0IF=0;       //清接收中断标志
    if(c=='\n')
    {
        IEN2 |= BV(2); //发送中断使能
        UTX0IF=1; //引发发送中断
    }
    HAL_EXIT_ISR()
}

/******************************
中断处理函数
******************************/
#pragma vector = UTX0_VECTOR //格式:#pragma vector = 中断向量,// 紧接着是中断处理程序
__interrupt void UART0_SEND_ISR(void)
{
    HAL_ENTER_ISR()
    if(mIdxRead!=mIdxWrite)
    {
        UTX0IF=0;
        U0DBUF=mBuff[mIdxRead++];
    }
    else
        IEN2 &= ~BV(2); //除能发送中断
    HAL_EXIT_ISR()
}
```

第10章　ADC实验

ADC就是模数转换，本章将介绍CC2540的模数转换功能。现实世界绝大多数传感器获取的信号经过放大，都是模拟电压信号，而MCU处理的都是数字信号，所以模拟信号必须通过模数转换，转换为数字信号才能为CPU来处理。所以，可以说模数转换是物联网传感器和CPU沟通的桥梁，其重要性不言而喻。CC2540集成了强大的模数转换功能，其ADC支持精度达14位的模拟数字转换，具有多达12位的ENOB，包括一个模拟多路转换器，具有多达8个各自可配置的通道，以及1个参考电压发生器，转换结果能通过DMA写入存储器。

10.1　获取芯片内部的温度和芯片供电电压

芯片的正常运行离不开合适的温度环境和稳定的一定范围的供电电压。尤其对于物联网的各个节点来说，分布环境千变万化，温度差异大；而用电池供电，则电压随着电耗逐渐下降，可能会低于芯片供电电压。因此了解芯片内部温度和供电电压有重要意义。CC2540提供了这种功能支持。

10.1.1　任务要求及效果呈现

要求利用ADC模块读取芯片内部的温度和供电电压，并每隔1s显示在主机上。如图10.1所示。

如表10.1所示可以看到，使用的是系统内部的参考电压，实际测量芯片的供电电压很稳定，几乎不变，而芯片温度传感器的温度，则是当手指按上去的时候，发生了变化。

10.1.2　实验原理

AD变换就是在参考电压的标准下，转换传感器过来的电压信号为数字信号，转换精度与转换时间呈反比，精度越高，时耗越多。本次实验用到的相关寄存器和相应位说明如表10.1～10.8所示：

表10.1　APCFG (0xF2)——模拟外设I/O配置

位	名称	复位	R/W	描　　述
7:0	APCFG[7:0]	0x00	R/W	模拟外设I/O配置。APCFG[7:0]选择P0.7～P0.0作为模拟I/O： 0：模拟I/O禁用 1：模拟I/O使能

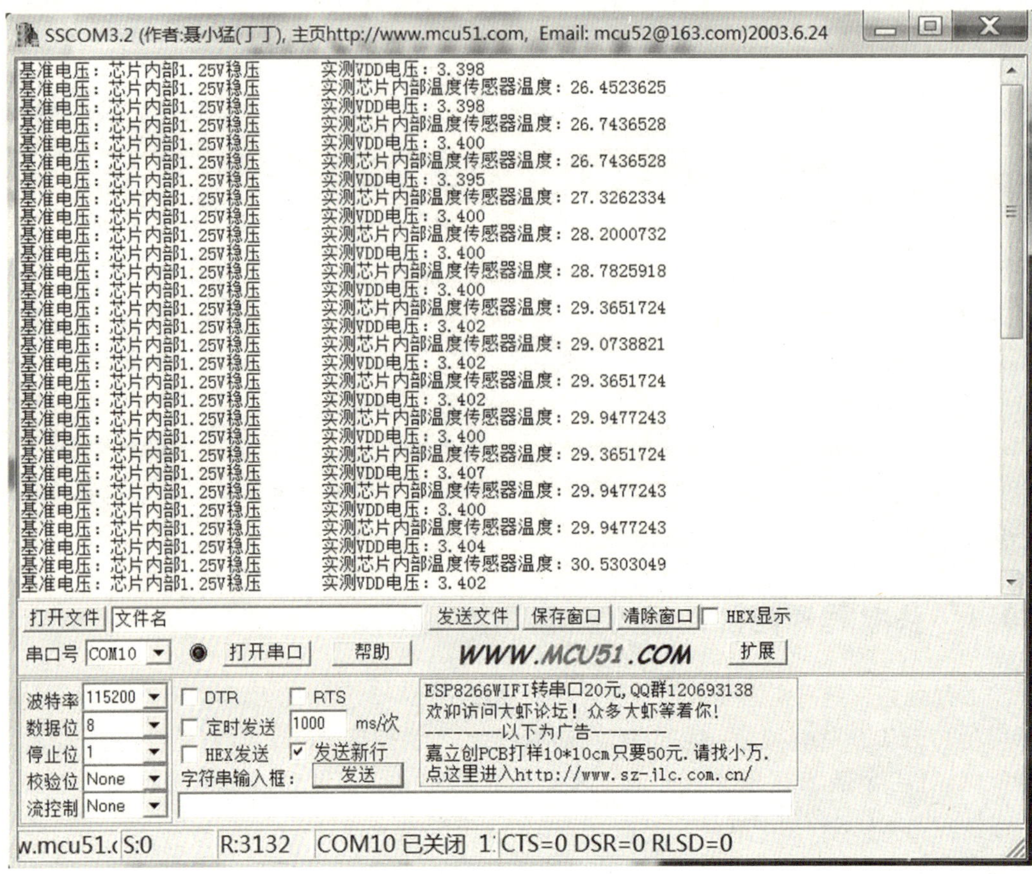

图 10.1　芯片内部电压和温度

表 10.2　ADCL（0xBA）——ADC 数据低位

位	名称	复位	R/W	描　　述
7:2	ADC[5:0]	000000	R	ADC 转换结果的低位部分
1:0	—	00	R0	没有使用。读出来一直是 0。

表 10.3　ADCH（0xBB）——ADC 数据高位

位	名称	复位	R/W	描　　述
7:0	ADC[13:6]	0x00	R	ADC 转换结果的高位部分。

表 10.4　ADCCON1（0xB4）——ADC 控制 1

位	名称	复位	R/W	描　　述
7	EOC	0	R/H0	转换结束。当 ADCH 被读取的时候清除。如果已读取前一数据之前，完成一个新的转换，EOC 位仍然为高。 0：转换没有完成 1：转换完成

续　表

位	名称	复位	R/W	描　　述
6	ST	0		开始转换。读为 1，直到转换完成。 0：没有转换正在进行 1：如果 ADCCON1. STSEL＝11 并且没有序列正在运行就启动一个转换序列。
5:4	STSEL[1:0]	11	R/W1	启动选择。选择该事件，将启动一个新的转换序列。 00：P2. 0 引脚的外部触发 01：全速。不等待触发器 10：定时器 1 通道 0 比较事件 11：ADCCON1. ST＝1
3:2	RCTRL[1:0]	00	R/W	控制 16 位随机数发生器。当写 01 时，操作完成时设置将自动返回到 00。 00：正常运行。(13X 型展开) 01：LFSR 的时钟一次(没有展开) 10：保留 11：停止。关闭随机数发生器
1:0	—	11	R/W	保留。一直设为 11。

表 10. 5　ADCCON2 (0xB5)——ADC 控制 2

位	名称	复位	R/W	描　　述
7:6	SREF[1:0]	00	R/W	选择参考电压用于序列转换 00：内部参考电压 01：AIN7 引脚上的外部参考电压 10：AVDD5 引脚 11：AIN6—AIN7 差分输入外部参考电压
5:4	SDIV[1:0]	01	R/W	为包含在转换序列内的通道设置抽取率。抽取率也决定完成转换需要的时间和分辨率。 00：64 抽取率(7 位 ENOB) 01：128 抽取率(9 位 ENOB) 10：256 抽取率(10 位 ENOB) 11：512 抽取率(12 位 ENOB)

续 表

位	名称	复位	R/W	描 述
3:0	SCH[3:0]	0000	R/W	序列通道选择。选择序列结束。一个序列可以是从AIN0到AIN7(SCH≤7),也可以从差分输入AIN0—AIN1到AIN6—AIN7(8≤SCH≤11)。对于其他的设置,只能执行单个转换。当读取的时候,这些位将代表有转换进行的通道号码。 0000：AIN0 0001：AIN1 0010：AIN2 0011：AIN3 0100：AIN4 0101：AIN5 0110：AIN6 0111：AIN7 1000：AIN0－AIN1 1001：AIN2－AIN3 1010：AIN4－AIN5 1011：AIN6－AIN7 1100：GND 1101：正电压参考 1110：温度传感器 1111：VDD/3

表 10.6 ADCCON3 (0xB6)——ADC 控制 3

位	名称	复位	R/W	描 述
7:6	EREF[1:0]	00	R/W	选择用于额外转换的参考电压 00：内部参考电压 01：AIN7 引脚上的外部参考电压 10：AVDD5 引脚 11：在 AIN6—AIN7 差分输入的外部参考电压
5:4	EDIV[1:0]	00	R/W	设置用于额外转换的抽取率。抽取率也决定了完成转换需要的时间和分辨率。 00：64 抽取率(7 位 ENOB) 01：128 抽取率(9 位 ENOB) 10：256 抽取率(10 位 ENOB) 11：512 抽取率(12 位 ENOB)

续　表

位	名称	复位	R/W	描　　述
3:0	ECH[3:0]	0000	R/W	单个通道选择。选择写 ADCCON3 触发的单个转换所在的通道号码。当单个转换完成，该位自动清除。 0000：AIN0 0001：AIN1 0010：AIN2 0011：AIN3 0100：AIN4 0101：AIN5 0110：AIN6 0111：AIN7 1000：AIN0－AIN1 1001：AIN2－AIN3 1010：AIN4－AIN5 1011：AIN6－AIN7 1100：GND 1101：正电压参考 1110：温度传感器 1111：VDD/3

表 10.7　TR0(0x624B)——测试寄存器 0

位	名称	复位	R/W	描　　述
7:1	—	0000 000	R0	保留。写作 0。
0	ACTM	0	R/W	设置为 1 来连接温度传感器到 SOC_ADC。

表 10.8　ATEST (0x61BD)——模拟测试控制

位	名称	复位	R/W	描　　述
7:6	—	00	R0	保留。写作 0。
5:0	ATEST_CTRL[5:0]	00 0000	R/W	控制模拟测试模式： 00 0001：使能温度传感器(也可见 12.2 节表 12-1 中 R0 寄存器的描述)。 其他值保留。

其中 APCFG 寄存器的设置将覆盖 P0SEL 的设置，也就是说模拟功能设置优先于其他功能设置。接下来就是设置这些寄存器了。

```
ADCCON1 = 0x33; //软件启动转换
TR0 = 1;          //使能内部温度 AD 转换
ATEST =1;         //使能内部温度 AD 转换
/＊配置模拟功能配置寄存器，使能相应通道，模拟功能将覆盖
该引脚的其他功能，模拟功能取消，则其他功能又能恢复＊/
ADCCFG |= adcChannel;
/＊设置参考电压、采样频率和通道号设置好了，转换就立即开始了＊/
ADCCON3 = channel | resbits | adcRef;
```

10.1.3 程序清单

以下 Hal_adc.c 基本来自 Ti 提供的样例程序。

```
/****hal_adc.c***/
#include  "hal_adc.h"
#include  "hal_defs.h"
#include  "hal_mcu.h"
#include  "hal_types.h"

/**************CONSTANTS*********************/
#define HAL_ADC_EOC             0x80     /* End of Conversion bit */
#define HAL_ADC_START           0x40     /* Starts Conversion */
#define HAL_ADC_STSEL_EXT       0x00     /* External Trigger */
#define HAL_ADC_STSEL_FULL      0x10     /* Full Speed, No Trigger */
#define HAL_ADC_STSEL_T1C0      0x20     /* Timer1, Channel 0 Compare Event Trigger */
#define HAL_ADC_STSEL_ST        0x30     /* ADCCON1.ST =1 Trigger */

#define HAL_ADC_RAND_NORM       0x00     /* Normal Operation */
#define HAL_ADC_RAND_LFSR       0x04     /* Clock LFSR */
#define HAL_ADC_RAND_SEED       0x08     /* Seed Modulator */
#define HAL_ADC_RAND_STOP       0x0c     /* Stop Random Generator */
#define HAL_ADC_RAND_BITS       0x0c     /* Bits [3:2] */
#define HAL_ADC_DEC_064         0x00     /* Decimate by 64 : 8-bit resolution */
#define HAL_ADC_DEC_128         0x10     /* Decimate by 128 : 10-bit resolution */
#define HAL_ADC_DEC_256         0x20     /* Decimate by 256 : 12-bit resolution */
#define HAL_ADC_DEC_512         0x30     /* Decimate by 512 : 14-bit resolution */
#define HAL_ADC_DEC_BITS        0x30     /* Bits [5:4] */
#define HAL_ADC_STSEL           HAL_ADC_STSEL_ST
#define HAL_ADC_RAND_GEN        HAL_ADC_RAND_STOP
#define HAL_ADC_REF_VOLT        HAL_ADC_REF_AVDD
#define HAL_ADC_DEC_RATE        HAL_ADC_DEC_064
#define HAL_ADC_SCHN            HAL_ADC_CHN_VDD3
#define HAL_ADC_ECHN            HAL_ADC_CHN_GND

/* ----------------------------------------------------------
 *                    Local Variables
 * ---------------------------------------------------------- */

#if (HAL_ADC == TRUE)
static uint8 adcRef;
#endif
```

```
/****************** @fn      HalAdcInit ***************/
void HalAdcInit (void)
{
#if (HAL_ADC == TRUE)
  adcRef = HAL_ADC_REF_VOLT;
#endif
}

/*************************** @fn      HalAdcRead
* @brief   Read the ADC based on given channel and resolution
* @param    channel - channel where ADC will be read
* @param    resolution - the resolution of the value
* @return  16 bit value of the ADC in offset binary format. */
uint16 HalAdcRead (uint8 channel, uint8 resolution)
{
  int16   reading = 0;

#if (HAL_ADC == TRUE)
  uint8   i, resbits;
  uint8   adcChannel = 1;
  if (channel < 8) //如果通道号小于 8,则表明用到的是 P0 引脚作为模拟信号输入。
  {
    for (i=0; i < channel; i++)
    {
      adcChannel <<= 1;//设置通道的相应位
    }
  }

/*配置模拟功能配置寄存器,使能相应通道,模拟功能将覆盖该引脚的其他功能,模拟功能
取消,则其他功能又能恢复*/
  ADCCFG |= adcChannel;
  /*转换精度设置 */
  switch (resolution)
  {
    casc HAL_ADC_RESOLUTION_8:
      resbits = HAL_ADC_DEC_064;
      break;
    case HAL_ADC_RESOLUTION_10:
      resbits = HAL_ADC_DEC_128;
      break;
    case HAL_ADC_RESOLUTION_12:
```

```
        resbits = HAL_ADC_DEC_256;
        break;
      case HAL_ADC_RESOLUTION_14:
      default:
        resbits = HAL_ADC_DEC_512;
        break;
    }

    /* 设置参考电压、采样频率和通道号,设置好了,转换就立即开始了 */
    ADCCON3 = channel | resbits | adcRef;
    /* 等待通道转换完成 */
    while (! (ADCCON1 & HAL_ADC_EOC));
    /* 取消通道配置,恢复P0口的功能设置 */
    ADCCFG &= (adcChannel ^ 0xFF);

    /* 读取转换结果 */
    reading = (int16) (ADCL);
    reading |= (int16) (ADCH << 8);
    /* 由于本函数针对单通道转换,则转换结果是不可能为负数的,范围为0——该精度下的
    最大整数 */
    if (reading < 0)
      reading = 0;
  /* 以下根据转换精度,获得对应的转换数据 */
    switch (resolution)
    {
      case HAL_ADC_RESOLUTION_8:
        reading >>= 8;
        break;
      case HAL_ADC_RESOLUTION_10:
        reading >>= 6;
        break;
      case HAL_ADC_RESOLUTION_12:
        reading >>= 4;
        break;
      case HAL_ADC_RESOLUTION_14:
      default:
        reading >>= 2;
      break;
    }
  #else
    // unused arguments
    (void) channel;
```

```
  (void) resolution;
#endif

  return ((uint16)reading);
}

/* * * * * * * * * * * @fn        HalAdcSetReference
 * @brief   Sets the reference voltage for the ADC and initializes the service
 * @param   reference - the reference voltage to be used by the ADC * */
void HalAdcSetReference ( uint8 reference )
{
#if (HAL_ADC == TRUE)
  adcRef = reference;
#endif
}
```

以下 main_adc.c 程序，该程序调用 ADC 转换函数并显示结果。

```
/* * * * main_adc.c * * */
#include "stdio.h"
#include "base.h"
#include "hal_types.h"
#include "hal_board.h"
#include "myuart.h"
#include "hal_adc.h"
static float ReadLightResVolt( void );
static float ReadCC2540SuppVolt( void );
static float ReadCC2540TempSensorVolt( void );
static void performPeriodicTask( void );
static void adc_init();

#define DEMO_NAME    "ADC 模数转换实验"
//以下参数线性校正芯片内部温度传感:Temperator=Kvt * Volt+Bvt
//由于本样例仅仅展示如何运用 ADC,只是粗略地线性校正了一下
#define Kvt     477
#define Bvt     386

static float VDD = 3.30;  //系统外部供电电压的测量值
//要求输出系统硬件信息和打印欢迎消息
int main(void)
{
  HAL_BOARD_INIT();
  uart0_init();
```

```
    adc_init();
    printf(DEMO_NAME);
    print_sys_info();
    while(1)
    {
      performPeriodicTask();
      delay1ms(1000); //每秒测量一次
    }
    return 0;
}

static void performPeriodicTask( void )
{
    printf("基准电压:芯片内部 1.25V 稳压\t 实测 VDD 电压:%0.3f\r\n",Read-
    CC2540SuppVolt());
    printf("基准电压:芯片内部 1.25V 稳压\t 实测芯片内部温度传感器电压:%0.7f\r\n",
    ReadCC2540TempSensorVolt());
}

static void adc_init()
{
    ADCCON1 = 0x33; //软件启动转换
    TR0 = 1;         //使能内部温度 AD 转换
    ATEST =1;        //使能内部温度 AD 转换
}

/* * * * * * * * * * * * * * * * * * @fn 读取系统供电电压            */
static float ReadCC2540SuppVolt( void )
{
    uint16 adc_read;
    float curSuppVolt;

    //Initialize ADC with internal 1.25V set as reference
    HalAdcSetReference( HAL_ADC_REF_125V );

    // Read the ADC
    adc_read = HalAdcRead( HAL_ADC_CHANNEL_VDD, HAL_ADC_RESOLUTION_12 );
    curSuppVolt=3 * (float)adc_read/((1<<11)-1) * 1.25;
    VDD=curSuppVolt;
    return curSuppVolt;
}
//读取内部芯片温度
```

```
static float ReadCC2540TempSensorVolt( void )
{
  uint16 adc_read;
  float curVolt;

  //Initialize ADC with internal 1.25V set as reference
  HalAdcSetReference( HAL_ADC_REF_125V );
  // Read the ADC
  adc_read = HalAdcRead( HAL_ADC_CHN_TEMP, HAL_ADC_RESOLUTION_12 );
  curVolt=Kvt * (float)adc_read/((1<<11)-1) * 1.25-Bvt;
  return curVolt;
}
```

10.2　测量光照强度

物联网传感器很多分布在室外，有些需要随时测量光照强度，这些场合常用光敏电阻测量光照强度。光敏电阻能随光照强度发生相应变换，其变化率跟相应光敏电阻的材料有关。本次实验采用 Cds 型光敏电阻。

10.2.1　任务要求及效果呈现

要求：测量实验开发板上光敏电阻上的电压，以估计光照强度。

如图 10.2 所示，当打开 LED 手电筒直射时，其分压迅速降到 0.086V，当在白天的室内时，分压是 0.896V 左右，当用一只手指按住光敏电阻时，光敏电阻分压立即达到 2.644V。可以看出光敏电阻对光线的变化非常敏感，如果针对应用需要，根据不同的光照强度，测量出不同的分压，然后对数据进行二次、三次样条插值拟合一下，获取光照强度和分压的对应关系，那么通过光敏电阻就能监测光照强度了。如图 10.3 所示。

CDS光敏电阻

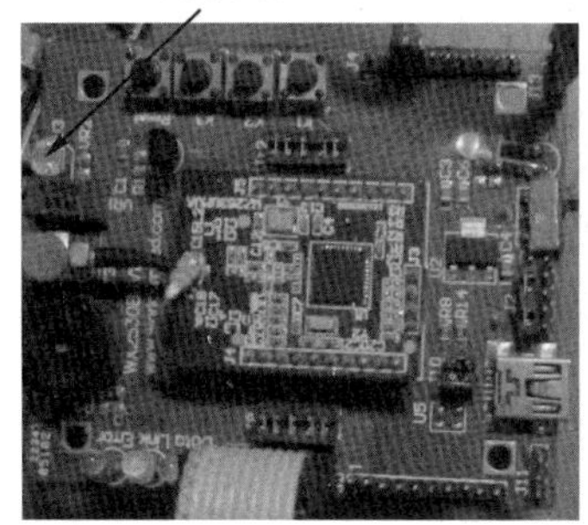

图 10.2　3 种情况下测量光敏电阻分压(正常、手指按住光敏、强光直射光敏)

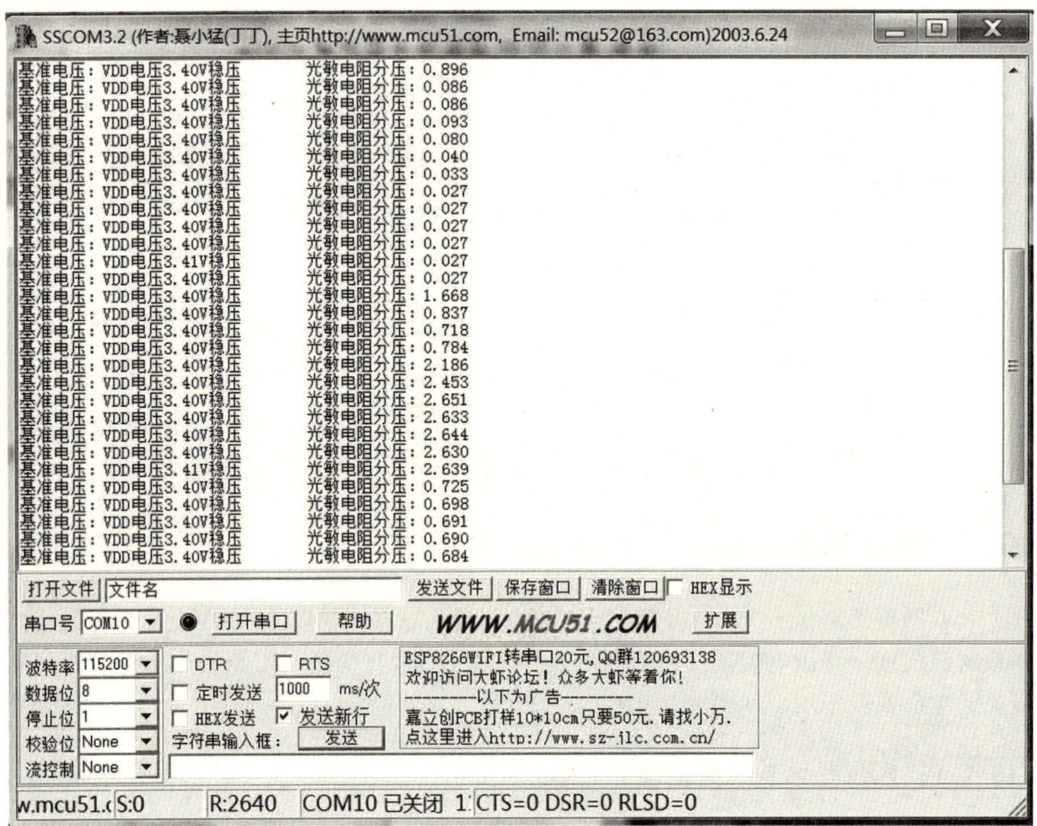

图 10.3　测量光敏电阻分压

10.2.2 实验原理

要测量开发板上的光敏电阻，首先要先了解其接口和原理图如图 10.4 所示：

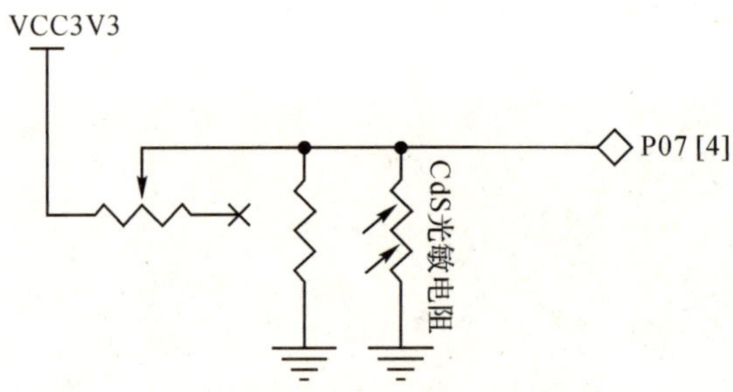

图 10.4　光敏电阻模块原理图

从图 10.4 中了解到光敏电阻利用分压进行模拟电压的输入，模拟电压最大 VCC3V3，用的是芯片的供电电压，所以模拟测量的外部参考电压也就是芯片的供电电压。模拟测量使用的引脚是 P07 脚，为此设置 APCCFG 就好了。该寄存器的描述见上一节。由于芯片的外部供电电压不知道，但我可以利用芯片内部的参考电压测出外部电压，这个已经在上一节实现了。具体光敏电阻通道设置如下：

```
#define HAL_ADC_CHANNEL_LIGHT          HAL_ADC_CHN_AIN7    //光敏电阻的AD通道号
```

相关寄存器和位的说明请见上一节。

10.2.3 程序清单

以下源码加入上一节的源码中，替换相应函数，则就能演示光照强度测量实验了。

```
#define HAL_ADC_CHANNEL_LIGHT          HAL_ADC_CHN_AIN7    //光敏电阻的AD通道号
static float VDD = 3.30;  //系统外部供电电压的测量值

static void performPeriodicTask( void )
{
  printf("基准电压：VDD 电压%0.2fV 稳压\t 光敏电阻分压：%0.3f\r\n ", ReadCC2540SuppVolt(), ReadLightResVolt());
}
static void adc_init()
{
  ADCCON1 = 0x33; //软件启动转换
}

/*************************************************
 * @fn 读取光敏电阻分压
 */
static float ReadLightResVolt( void )
{
  uint16 adc_read;

  float curVoltLight;
    //Initialize ADC with internal 1.25V set as reference
  HalAdcSetReference( HAL_ADC_REF_AVDD );
  adc_read = HalAdcRead(HAL_ADC_CHANNEL_LIGHT, HAL_ADC_RESOLUTION_10);
  curVoltLight=(float)adc_read/(1<<10-1) * VDD;
  return curVoltLight;

}
```

第 11 章　睡眠与唤醒实验

CC2540 主要作为 BLE，也就是低功耗蓝牙应用，其依靠的重磅武器就是低功耗，要知道大多数物联网的传感器节点都是靠电池供电，如果没有低功耗，一颗纽扣电池支持不了几天，所以低功耗应该是物联网技术的一个重要方面。TI 的 CC2540，其低功耗运行是通过不同的运行模式(供电模式)使能的。各种运行模式指的是主动模式、空闲模式和供电模式 1、2 和 3(PM1～PM3)。超低功耗运行的实现通过关闭电源模块以避免静态(泄露)功耗，还通过使用门控时钟和关闭振荡器来降低动态功耗。MSP 就是靠超低功耗占领了广大 MCU 市场，而 CC2540 同样具备超低功耗，其应用也越来越广泛。

实现超低功耗就是在 CPU 处于空闲状态，或者任务不频繁时，让 CPU 进入睡眠状态，从而省电。本章来见识 CC2540 的超低功耗！

本章将讲述 CC2540 在睡眠模式下的两种唤醒方法：外部中断唤醒和定时唤醒。

11.1　按键催眠，按键唤醒

11.1.1　任务要求和效果呈现

任务要求：系统首先是主动模式，3 个 LED 灯都一闪一闪，闪了 1 秒后，进入空闲模式，此时 LED 灯都亮着。无论主动模式还是空闲模式，按下按键 I(I=1,2,3)进入对应的 PMI(I=1,2,3)模式，此时仅对应的 LEDI(I=1,2,3)闪烁，然后 1s 后也熄灭，再按下，又唤醒 CPU；要求对应键按下，进入对应的睡眠模式，此时只有该键能唤醒 CPU。如图 11.1、11.2 所示。

图 11.1　按键控制休眠实验图

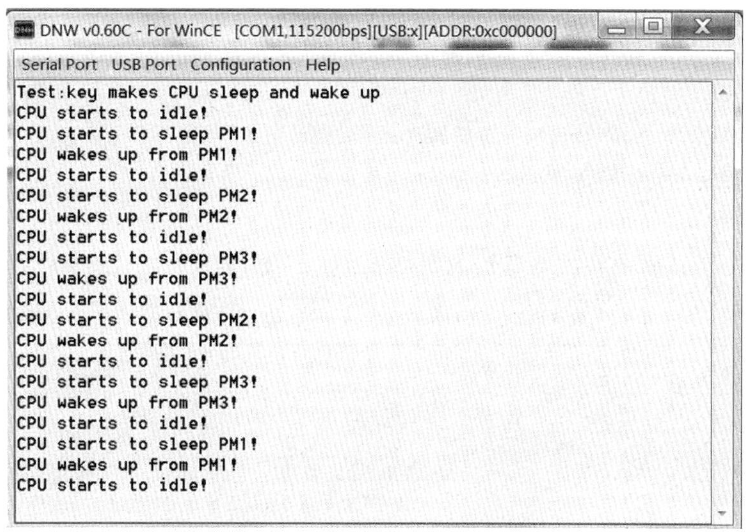

图 11.2　按键催眠、唤醒 CPU 实验

11.1.2 实验原理

CC2540 有 5 种不同的运行模式(供电模式),分别称为主动模式、空闲模式、PM1、PM2 和 PM3。主动模式是一般模式,PM2 下运行电流 0.9 μA,而 PM3 具有最低的功耗,其电流仅需 0.4 μA。5 种运行模式如下:

主动模式:完全功能模式。稳压器的数字内核开启,16 MHz RC 振荡器或 32 MHz 晶体振荡器运行,或者两者都运行。32 kHz RCOSC 振荡器或 32 kHz XOSC 运行。

空闲模式:除了 CPU 内核停止运行(即空闲),其他和主动模式一样。

PM1:稳压器的数字部分开启。32 MHz XOSC 和 16 MHz RCOSC 都不运行。32 kHz RCOSC 或 32 kHz XOSC 运行。复位、外部中断或睡眠定时器过期时系统将转到主动模式。

PM2:稳压器的数字内核关闭。32 MHz XOSC 和 16 MHz RCOSC 都不运行。32 kHz RCOSC 或 32 kHz XOSC 运行。复位、外部中断或睡眠定时器过期时系统将转到主动模式。

PM3:稳压器的数字内核关闭。所有的振荡器都不运行。复位或外部中断时系统将转到主动模式。

可以看出,对于 CPU 所有模式,只要外部中断打开,都能唤醒 CPU,就算是最严酷的 PM3 情况下,连所有振荡器都停了,也能响应外部中断。本实验的核心就是要利用按键的外部中断,为此,必须配置好相应的寄存器。关于按键中断的寄存器配置,在之前的 GPIO 输入实验中已经介绍过了,这里就不再介绍与按键中断相关的寄存器了。本次中断用到了 3 个按键,其主要源码配置如下:

```
EA=0;
P0SEL &= ~KEY_BITS; //设置 KEYS 口———GPIO
P0DIR &= ~KEY_BITS; //设置 KEYS 口———输入模式
```

```
P0INP |= KEY_BITS; //设置 KEYS 口———浮空输入模式,要求外部上拉
PICTL |= BV(0);  //设置 P0 口———输入的下降沿引起中断
IEN1 |= BV(5);   //使能 P0 中断
P0IEN |= KEY_BITS;  //使能对应按键位的中断
P0IFG &= ~KEY_BITS; //清 P0 对应按键位的中断标志
P0IF = 0;     //清 P0 中断标志,
```

与 CPU 如何休眠的相关寄存器说明如表 11.1～11.3 所示:

表 11.1 PCON (0x87)——供电模式控制

位	名称	复位	R/W	描述
7:1	—	0000 000	R/W	未使用。总是写作 0000 000。
0	IDLE	0	R0/W H0	供电模式控制。写 1 到该位强制设备进入 SLEEP.MODE(注意 MODE=0x00 且 IDLE=1 将停止 CPU 内核活动)设置的供电模式,这位读出来一直是 0。 当活动时,所有的使能中断将清除这个位,设备将重新进入主动模式。

表 11.2 SLEEPCMD (0xBE)——睡眠模式控制

位	名称	复位	R/W	描述
7	OSC32K_CALDIS	0	R/W	禁用 32 kHz RC 振荡器校准 0:使能 32 kHz RC 振荡器校准 1:禁用 32 kHz RC 振荡器校准 这个设置可以在任何时间写入,但是在芯片运行在 16 MHz 高频 RC 振荡器之前不起作用。
6:3	—	0000	R0	保留
2	—	1	R/W	保留。总是写作 1。
1:0	MODE[1:0]	00	R/W	供电模式设置 00: 主动/空闲模式 01: 供电模式 1 10: 供电模式 2 11: 供电模式 3

表 11.3 SLEEPSTA (0x9D)——睡眠模式控制状态

位	名称	复位	R/W	描述
7	OSC32K_CALDIS	0	R	32 kHz RC 振荡器校准状态 SLEEPSTA. OSC32K_CALDIS 显示禁用 32 kHz RC 校准的当前状态。在芯片运行在 32 kHz RC 振荡器之前,该位设置的值不等于 SLEEPCMD. OSC32K_CALDIS。这一设置可以在任何时间写入,但是在芯片运行在 16 MHz 高频 RC 振荡器之前不起作用。

续　表

位	名称	复位	R/W	描　　述
6:5	—	00	R	保留
4:3	RST[1:0]	XX	R	状态位,表示上一次复位的原因。如果有多个复位,寄存器只包括最新的事件。 00:上电复位和掉电探测 01:外部复位 10:看门狗定时器复位 11:时钟丢失复位
2:1	—	00	R	保留
0	CLK32K	0	R	32 kHz 时钟信号(与系统时钟同步)

设置相应睡眠模式的代码如下:

```
SLEEPCMD &= ~0x03;
SLEEPCMD |= mode;
```

进入睡眠的代码如下:

```
PCON = PCON_IDLE;
 asm(" NOP ");
```

11.1.3　程序清单

```
#include " base.h "
#include " hal_types.h "
#include " hal_key.h "
#include " myuart.h "
#include " stdio.h "

static void EndSleep(void);
static void StartSleep(void);
static void SetSysRunMode(uchar mode);
static void LedBlink(uchar led, uchar cnt);
static void LedSet(uchar led, uchar on);

//按键是 P00 P01 P04
#define KEY1_BIT        BV(0)
#define KEY2_BIT        BV(1)
#define KEY3_BIT        BV(4)

#define KEY_BITS        (KEY1_BIT|KEY2_BIT|KEY3_BIT)
#define CC2540_PM0              0
#define CC2540_PM1              1
```

```
#define CC2540_PM2              2
#define CC2540_PM3              3
#define CC2540_PM4              4  /* PM4,完全工作状态 */
#define LED1          P1_0       //Green
#define LED2          P1_1       //Yellow
#define LED3          P2_0       //Red
#define LED1_BIT    1
#define LED2_BIT    2
#define LED3_BIT    4
#define LEDS_BITS  (LED1_BIT|LED2_BIT|LED3_BIT)
#define LED_ON      0
#define LED_OFF     1
#define FLASH_TIME  50
#define FLASH_CNT   20

#define DEMO_NAME   "Test:key makes CPU sleep and wake up\r\n"
static uchar mKey=0;

void init_led()
{
  P1SEL &= 0xFC;
  P2SEL &= 0xFE;
  P1DIR |= ~0xFC;
  P2DIR |= ~0xFE;
}
void init_key()
{
   EA=0;
   P0SEL &= ~KEY_BITS; //设置 KEYS 口———GPIO
   P0DIR &= ~KEY_BITS; //设置 KEYS 口———输入模式
   P0INP |= KEY_BITS; //设置 KEYS 口———浮空输入模式,要求外部上拉
   PICTL |= BV(0);  //设置 P0 口———输入的下降沿引起中断
   IEN1 |= BV(5);     //使能 P0 中断
   P0IEN |= KEY_BITS;  //使能对应按键位的中断
   P0IFG &= ~KEY_BITS; //清 P0 对应按键位的中断标志
   P0IF = 0;        //清 P0 中断标志,
}

/*****************************
中断处理函数
*******************************/
#pragma vector = P0INT_VECTOR //格式:#pragma vector = 中断向量,// 紧接着是中
```

```
断处理程序
__interrupt void P0_ISR(void)
{
  HAL_ENTER_ISR()
  switch(P0IFG & KEY_BITS)
  {
  case KEY1_BIT：  //仅按键 1 按下
      if((SLEEPCMD & PMODE)==CC2540_PM0)
      {
        mKey=KEY1_BIT；


      }
      else if((SLEEPCMD&CC2540_PM1)==CC2540_PM1)
      {
        SetSysRunMode(CC2540_PM4)；
      }
    break；
  case KEY2_BIT：  //仅按键 2 按下
     if((SLEEPCMD & PMODE)==CC2540_PM0)
      {
        mKey=KEY2_BIT；
      }
      else if((SLEEPCMD&CC2540_PM2)==CC2540_PM2)
      {
       SetSysRunMode(CC2540_PM4)；
      }
    break；
  case KEY3_BIT：  //仅按键 3 按下
     if((SLEEPCMD & PMODE)==CC2540_PM0)
      {
        mKey=KEY3_BIT；


      }
      else if((SLEEPCMD & CC2540_PM3)==CC2540_PM3)
      {
       SetSysRunMode(CC2540_PM4)；
      }
    break；
  }

  P0IFG &= ～KEY_BITS；  //清中断标志，每次仅仅允许一个按键按下
  P0IF = 0；       //清中断标志，
```

```
  HAL_EXIT_ISR()
}
/* 任务要求:系统首先是主动模式,3 个 LED 灯都一闪一闪,闪了 2s 后,进入空闲模式,此时LED 灯都亮着。无论主动模式还是空闲模式,按下按键 I(I=1,2,3)进入对应的 PMI(I=1,2,3)模式,此时仅对应的 LEDI(I=1,2,3)闪烁,然后 2s 后也熄灭,再按下该按键,又唤醒CPU,按其他按键无效。*/
int main(void)
{
  /* Initialize hardware */
  HAL_BOARD_INIT();
  SetSysRunMode(CC2540_PM4);  //完全激活活动状态
  uart0_init();
  init_led();
  init_key();
  printf(DEMO_NAME);
  EA=1;
  while(1)
  {
    P0IEN |= KEY_BITS; //使能中断
    LedBlink(LEDS_BITS, FLASH_CNT);
    LedSet(LEDS_BITS, LED_ON);
    printf("CPU starts to idle! \r\n ");
    SetSysRunMode(CC2540_PM0);
    switch (mKey)
    {
    case KEY1_BIT:
        printf("CPU starts to sleep PM%d! \r\n ",CC2540_PM1);
        LedSet(LEDS_BITS, LED_OFF);
        LedBlink(LED1_BIT, FLASH_CNT);
        P0IEN &= ~KEY_BITS; //除能中断
        P0IEN |= KEY1_BIT; //除能中断
        SetSysRunMode(CC2540_PM1);
        delay 2μs(100); //等待 200μs,稳定下来
        printf("CPU wakes up from PM%d! \r\n ",CC2540_PM1);
      break;
    case KEY2_BIT:
        printf("CPU starts to sleep PM%d! \r\n ",CC2540_PM2);
        LedSet(LEDS_BITS, LED_OFF);
        LedBlink(LED2_BIT, FLASH_CNT);
        P0IEN &= ~KEY_BITS; //除能中断
        P0IEN |= KEY2_BIT; //使能中断
        SetSysRunMode(CC2540_PM2);
```

```
            delay 2μs(100); //等待 100μs,稳定下来
            printf(" CPU wakes up from PM%d! \r\n ",CC2540_PM2);
          break;
        case KEY3_BIT:
            printf(" CPU starts to sleep PM%d! \r\n ",CC2540_PM3);
            LedSet(LEDS_BITS, LED_OFF);
            LedBlink(LED3_BIT, FLASH_CNT);
            SetSysRunMode(CC2540_PM3);
            delay 2μs(100); //等待 100μs,稳定下来
            printf(" CPU wakes up from PM%d! \r\n ",CC2540_PM3);
          break;
        }
      }
    return 0;
}

static void LedBlink(uchar led, uchar cnt)
{
    for(uchar i=0; i<cnt; i++)
    {
      switch(led&LEDS_BITS)
      {
      case LED1_BIT:
        LED1=! LED1;
        delay1ms(FLASH_TIME);
        break;
      case LED2_BIT:
        LED2=! LED2;
        delay1ms(FLASH_TIME);
        break;
       case LED3_BIT:
        LED3=! LED3;
        delay1ms(FLASH_TIME);
        break;
      case LEDS_BITS:
        LED2=! LED2;
        LED1=! LED1;
        LED3=! LED3;
        delay1ms(FLASH_TIME);
        break;
      }
    }
```

```
}

static void LedSet(uchar led, uchar on)
{
    switch(led&LEDS_BITS)
    {
    case LED1_BIT:
      LED1=on;
      break;
    case LED2_BIT:
      LED2=on;
      break;
     case LED3_BIT:
      LED3=on;
      break;
    case LEDS_BITS:
      LED2=on;
      LED1=on;
      LED3=on;
      break;
    }
}

static void SetSysRunMode(uchar mode)
{
  if(mode >4)
    return;
  SLEEPCMD &= ~0x03;
  SLEEPCMD |= mode;
  for(uchar j=0;j<7;j++);
  if(mode<4)
  {
    StartSleep();
  }
  else
  {
    EndSleep();
  }
}

static void StartSleep(void)
```

```
{
  PCON = PCON_IDLE;
  asm(" NOP ");
}

static void EndSleep(void)
{
  PCON = 0;
  asm(" NOP ");

}
```

11.2　定时器唤醒

物联网中的传感器并不是时时刻刻都在采集数据，有些数据变化很慢，比如气温、电池电压，其并不需要时时刻刻采集，只要定时器定时唤醒 CPU，完成采集后，立即又进入休眠状态，这样就能有效地节省能耗。CC2540 为这类应用专门配置了睡眠定时器。接下来学习这个定时睡眠神器。

11.2.1　任务要求和效果呈现

任务要求：系统进入 Idle 状态前向控制台发出相关信号并闪烁 LED3 共 15 次，然后进入 Idle 状态；在设定的 2s 定时间隔之后，睡眠定时器唤醒 CPU，并向控制台发出相关信号，闪烁 LED1 共 15 次，然后又进入 PM1 睡眠状态；在设定的 2s 定时间隔之后，睡眠定时器唤醒 CPU，并向控制台发出相关信号，闪烁 LED2 共 15 次，然后又进入 PM2 睡眠状态；在设定的 2s 定时间隔之后，睡眠定时器唤醒 CPU，并向控制台发出相关信号，闪烁 LED3 共 15 次，然后进入 Idle 状态。周而复始以上过程。如图 11.3、11.4 所示。

图 11.3　定时器定时唤醒实验过程

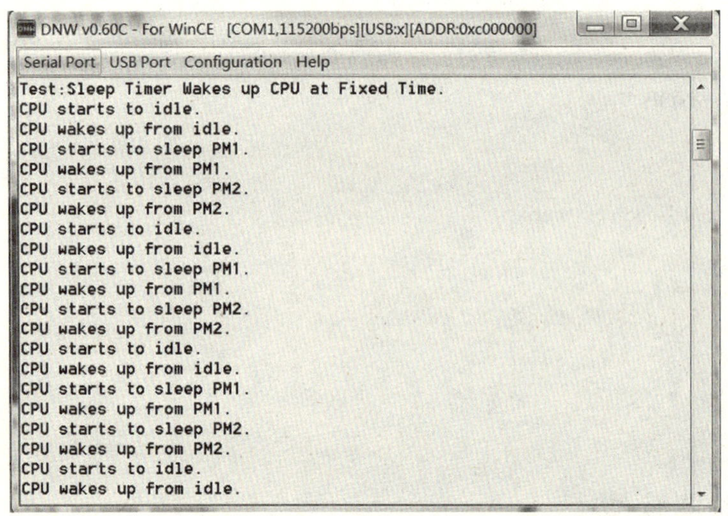

图 11.4 串口控制台打印的实验过程信息

11.2.2 实验原理

由于系统在 PM3 状态下，所有晶振和振荡器都停止工作，所以睡眠定时器在 PM3 状态下无法工作，本实验就演示 IDLE 状态、PM1 状态、PM2 状态下的睡眠定时唤醒。

先让了解一下睡眠定时器。睡眠定时器用于设置系统进入和退出低功耗睡眠模式之间的周期。睡眠定时器还用于当进入低功耗睡眠模式时，维持定时器 2 的定时。睡眠定时器的主要功能如下：

- 24 位的定时器正计数器，运行在 32 KHz 的时钟频率；
- 24 位的比较器，具有中断和 DMA 触发功能；
- 24 位捕获。

与睡眠定时器相关的寄存器如表 11.4～11.7 所示：

表 11.4 ST2 (0x97)——休眠定时器 2

位	名称	复位	R/W	描　述
7:0	ST2[7:0]	0x00	R/W	休眠定时器计数/比较值。当读取时，该寄存器返回休眠定时器的高位[23:16]。当写该寄存器的值时，设置比较值的高位[23:16]。在读寄存器 ST0 的时候，值的读取是锁定的。当写 ST0 的时候，写该值是锁定的。

表 11.5 ST1 (0x96)——休眠定时器 1

位	名称	复位	R/W	描　述
7:0	ST1[7:0]	0x00	R/W	休眠定时器计数/比较值。当读取的时候，该寄存器返回休眠定时计数的中间位[15:8]。当写该寄存器的时候，设置比较值的中间位[15:8]。在读取寄存器 ST0 的时候，读取该值是锁定的。当写 ST0 的时候，写该值是锁定的。

表 11.6　ST0 (0x95)——休眠定时器 0

位	名称	复位	R/W	描　　述
7:0	ST0[7:0]	0x00	R/W	休眠定时器计数/比较值。当读取的时候,该寄存器返回休眠定时计数的低位[7:0]。当写该寄存器的时候,设置比较值的低位[7:0]。写该寄存器被忽略,除非STLOAD.LDRDY是1。

表 11.7　STLOAD (0xAD)——睡眠定时器加载状态

位	名称	复位	R/W	描　　述
7:5	—	000	R0	保留
4:3	PORT[1:0]	11	R	端口选择。有效设置是 0—2。当设置为 3 捕获禁用,即选择了一个无效设置。
2:0	PIN[2:0]	111		引脚选择。当 PORT[1:0]是 0 或 1,有效设置是 0—7,当 PORT[1:0]是 2,有效设置是 0—5。当选择了一个无效设置捕获禁用。

关于睡眠定时器的捕获功能和相关寄存器不再介绍,因为本实验未用到此功能。

11.2.3 程序清单

```
#include "base.h"
#include "hal_types.h"
#include "hal_key.h"
#include "myuart.h"
#include "stdio.h"
static void StartSleep(void);
static void SetSysRunMode(uchar mode);
static void LedBlink(uchar led, uchar cnt);
static void LedSet(uchar led, uchar on);

#define SLEEP_ADJ_TICKS                3                /* 0.1ms, in 32kHz ticks */

#define SLEEP_MS_TO_32KHZ(ms)          ((((uint32) (ms)) * 4096) / 125)
#define CC2540_PM0              0
#define CC2540_PM1              1
#define CC2540_PM2              2
#define CC2540_PM3              3
#define CC2540_PM4              4  /* PM4,完全工作状态 */
#define LED1          P1_0      //Green
#define LED2          P1_1      //Yellow
#define LED3          P2_0      //Red
#define LED1_BIT       BV(0)
```

```
#define LED2_BIT        BV(1)
#define LED3_BIT        BV(2)
#define LEDS_BITS    (LED1_BIT|LED2_BIT|LED3_BIT)
#define LED_ON          0
#define LED_OFF         1
#define FLASH_DURATION    50
#define FLASH_COUNT       15
#define DEMO_NAME    "Test:Sleep Timer Wakes up CPU at Fixed Time.\r\n"

void init_led()
{
  P1SEL &= 0xFC;
  P2SEL &= 0xFE;
  P1DIR |= ~0xFC;
  P2DIR |= ~0xFE;
}
void init_sleep_timer()
{
   STIF=0; //清中断标志
   STIE=0; //除能定时器中断
}

void SetSleepTimer(uint32 timeout)
{
  uint32 ticks;
  //读取睡眠计数器当前的值
  ((uint8 *) &ticks)[0] = ST0;
  ((uint8 *) &ticks)[1] = ST1;
  ((uint8 *) &ticks)[2] = ST2;
  ((uint8 *) &ticks)[3] = 0;
  ticks += timeout;
  //减去调用此函数耗费的时间,才是新的计数值
  ticks -= SLEEP_ADJ_TICKS;
  //设置睡眠比较器新的值
  ST2 = ((uint8 *) &ticks)[2];
  ST1 = ((uint8 *) &ticks)[1];
  ST0 = ((uint8 *) &ticks)[0];

  return;
}
/*****************************
中断处理函数
```

```
* * * * * * * * * * * * * * * * * * * * * * * * * * * * * */
#pragma vector = ST_VECTOR //格式:#pragma vector = 中断向量,// 紧接着是中断处理程序
__interrupt void SLEEPTIMER_ISR(void)
{
  STIF=0; //清中断标志
  SetSleepTimer(SLEEP_MS_TO_32KHZ(2000));
  SetSysRunMode(CC2540_PM4);
}

/* 任务要求:系统进入 Idle 状态前向控制台发出相关信号并闪烁 LED3 共 15 次,然后进入 Idle状态;在设定的 2s 定时间隔之后,睡眠定时器唤醒 CPU,并向控制台发出相关信号,闪烁 LED1 共 15 次,然后又进入 PM1 睡眠状态;在设定的 2s 定时间隔之后,睡眠定时器唤醒 CPU,并向控制台发出相关信号,闪烁 LED2 共 15 次,然后又进入 PM2 睡眠状态;在设定的 2s 定时间隔之后,睡眠定时器唤醒 CPU,并向控制台发出相关信号,闪烁 LED3 共 15 次,然后进入 Idle 状态。周而复始以上过程。 */
int main(void)
{
  /* Initialize hardware */
  HAL_BOARD_INIT();
  SetSysRunMode(CC2540_PM4);  //完全激活活动状态
  uart0_init();
  init_led();
  init_sleep_timer();
  printf(DEMO_NAME);
  EA=1;
  while(1)
  {
    printf(" CPU starts to idle.\r\n ");
    LedBlink(LED3_BIT, FLASH_COUNT);
    STIF=1;
    STIE=1;     //置位中断标志,立即设置下一次发生中断时间
    SetSysRunMode(CC2540_PM0);
    printf(" CPU wakes up from idle.\r\n ");
    printf(" CPU starts to sleep PM1.\r\n ");
    LedBlink(LED1_BIT, FLASH_COUNT);
    SetSysRunMode(CC2540_PM1);
    delay2us(50);
    printf(" CPU wakes up from PM1.\r\n ");
    printf(" CPU starts to sleep PM2.\r\n ");
    LedBlink(LED2_BIT, FLASH_COUNT);
    SetSysRunMode(CC2540_PM2);
```

```
        delay2us(50);
        printf(" CPU wakes up from PM2.\r\n ");
    }
    return 0;
}

static void LedBlink(uchar led, uchar cnt)
{
    for(uchar i=0; i<cnt; i++)
    {
        switch(led&LEDS_BITS)
        {
        case LED1_BIT:
            LED1=! LED1;
            delay1ms(FLASH_DURATION);
            break;
        case LED2_BIT:
            LED2=! LED2;
            delay1ms(FLASH_DURATION);
            break;
        case LED3_BIT:
            LED3=! LED3;
            delay1ms(FLASH_DURATION);
            break;
        case LEDS_BITS:
            LED2=! LED2;
            LED1=! LED1;
            LED3=! LED3;
            delay1ms(FLASH_DURATION);
            break;
        }
    }
    LedSet(led,LED_OFF);
}

static void LedSet(uchar led, uchar on)
{
        switch(led&LEDS_BITS)
        {
        case LED1_BIT:
            LED1=on;
            break;
```

```
        case LED2_BIT：
          LED2=on；
          break；
        case LED3_BIT：
          LED3=on；
          break；
        case LEDS_BITS：
          LED2=on；
          LED1=on；
          LED3=on；
          break；
      }
}

static void SetSysRunMode(uchar mode)
{
  if(mode>4)
    return；
  SLEEPCMD &= ~0x03；
  SLEEPCMD |= mode；
  if(mode<4)
  {
    StartSleep()；
  }

}
static void StartSleep(void)
{
  PCON = PCON_IDLE；
  asm(" NOP ")；
}
```

第 12 章　看门狗实验

物联网的节点分布环境多种多样，有些环境非常恶劣，比如电压变化大、电磁辐射大，或者温度变化快，这些种种环境都有可能干扰 CPU，严重者造成 CPU 运行出错。看门狗定时器（WDT）在此时就非常有用。当软件在选定时间间隔内不能清除 WDT 时，WDT 就必须复位系统。看门狗可用于受到电气噪音、电源故障、静电放电等影响的应用，或需要高可靠性的环境。如果一个应用不需要看门狗功能，那么可以配置看门狗定时器为一个间隔定时器，这样可以在选定的时间间隔产生中断。本次实验将演示看门狗功能。现实世界，绝大多数完整的系统都需要看门狗功能。在你程序跑飞的时候帮你一把，使系统重新进入工作状态。它无疑是世界上最忠诚的“狗”，不过可千万别忘了“喂”它哦。

12.1　任务要求和效果呈现

任务要求：设置好看门狗，如果系统 1s 内没有喂狗，那么将导致系统重启，如果 1s 内喂狗了，则正常演示流水灯实验。正常演示的实验图片如图 12.1、12.2 所示：

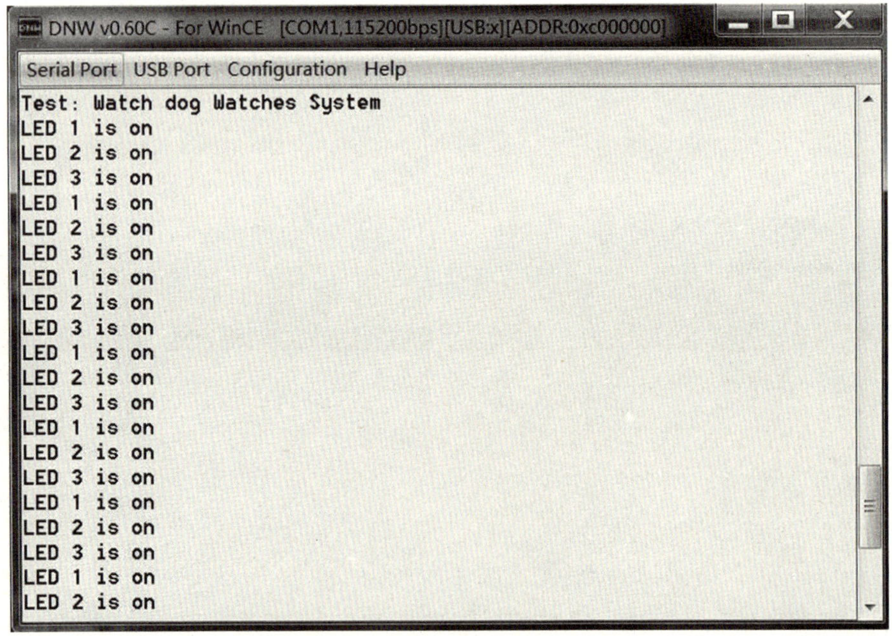

图 12.1　控制台显示的正常流水灯演示

图 12.2　正常流水灯演示

如果没有在 1s 内喂狗，则系统重启的效果如图 12.3、12.4 所示：

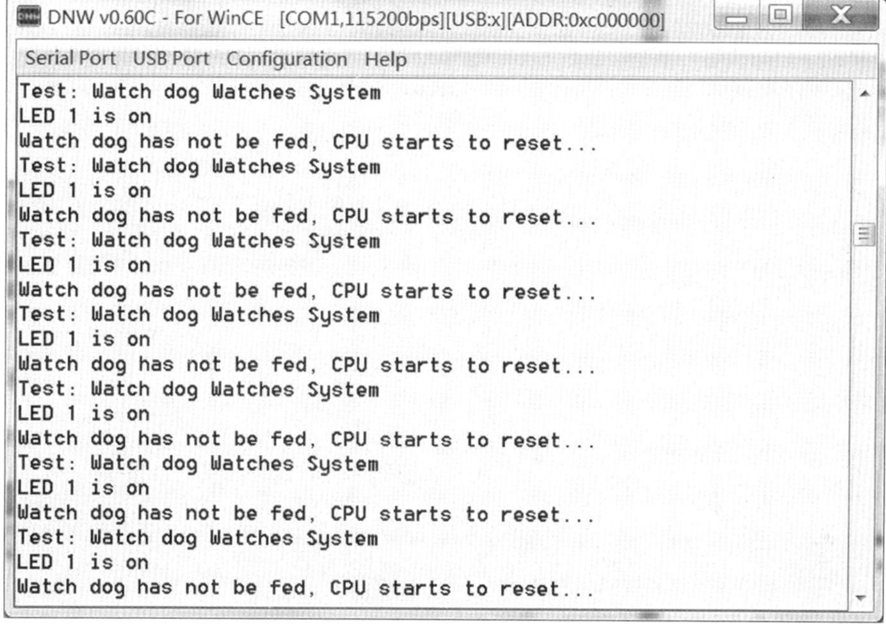

图 12.3　控制台显示的反复重启效果

图 12.4　实际拍摄的系统反复重启效果

12.2 实验原理

看门狗就是要求在指定的时间间隔内，去指定的寄存器，这样系统就能正常运行，否则系统就会重启。看门狗设置很简单，其相关寄存器只有 1 个如表 12.1 所示：

表 12.1 看门狗控制寄存器

位	名称	复位	R/W	描述
7:4	CLR[3:0]	0000	R0/W	清除定时器。当 0xA 跟随 0x5 写到这些位时，定时器被清除（即加载 0）。注意定时器仅写入 0xA 后，在 1 个看门狗时钟周期内写入 0x5 时被清除。当看门狗定时器是 IDLE 时，写这些位没有影响。当运行在定时器模式，定时器可以通过写 1 到 CLR[0]（不管其他 3 位）被清除为 0x0000（但是不停止）。
3:2	MODE[1:0]	00	R/W	模式选择。该位用于启动 WDT，使其处于看门狗模式或者定时器模式。当处于定时器模式，设置这些位为 IDLE 将停止定时器。注意：当运行在定时器模式时要转换到看门狗模式，首先停止 WDT，然后启动 WDT 处于看门狗模式。当运行看门狗模式时，写这些位没有影响。 00：IDLE 01：IDLE（未使用，等于 00 设置） 10：看门狗模式 11：定时器模式
1:0	INT[1:0]	00	R/W	定时器间隔选择。这些位选择定时器间隔定义为 32 kHz 振荡器周期的规定数。注意间隔只能在 WDT 处于 Idle 时改变，这样的间隔必须在定时器启动的同时设置。 00：定时周期×32,768（～1 s）当运行在 32 kHz XOSC 01：定时周期×8192（～0.25 s） 10：定时周期×512（～15.625 ms） 11：定时周期×64（～1.9 ms）

系统启动之后默认是看门狗模式，所以要使用看门狗，必须打开看门狗模式。用以下代码可以打开看门狗模式，顺便喂狗，这里所说的喂狗，其实就是给寄存器的 CLR[3:0] 位依次写 0x0A、0x05。

```
WDCTL=0;       //打开 Idle 模式，才能设置其他模式
WD_FEED(WD_INT_1S);  //喂狗设置间隔 1s
```

12.3 程序清单

```
#include "base.h"
#include "hal_defs.h"
```

```
#include "hal_types.h"
#include "hal_key.h"
#include "myuart.h"
#include "myled.h"
#include "stdio.h"

static uchar mbDogFeed=FALSE;
#define WD_EN                    BV(3)
#define WD_INT_1S                0
#define WD_INT_250MSEC           1
#define WD_INT_15_6MSEC          2
#define WD_INT_1_9MSEC           3

#define WD_FEED(WD_INT_TM)        st( WDCTL = 0xA0 | WD_EN | WD_INT_
TM; WDCTL = 0x50 | WD_EN | WD_INT_TM; mbDogFeed=TRUE;)

#define DEMO_NAME    "Test: Watch dog Watches System\r\n"

void init_led()
{
  P1SEL &= 0xFC;
  P2SEL &= 0xFE;
  P1DIR |= ~0xFC;
  P2DIR |= ~0xFE;
}
void init_watchdog()
{
  WDCTL=0;      //打开 Idle 模式,才能设置其他模式
  WD_FEED(WD_INT_1S);  //喂狗设置间隔 1s
}

const static uchar mLedBit[]={LED1_BIT,LED2_BIT,LED3_BIT};
const static uchar mIdLed[]={0,1,2,3,3};
/*任务要求:设置好看门狗,如果系统 1s 内没有喂狗,那么将导致系统重启,演示效果;如果
1s 内喂狗了,则正常演示流水灯实验 */
int main(void)
{
  uchar i=0;
  HAL_BOARD_INIT();
  uart0_init();
  init_led();
  init_watchdog();
```

```
    printf(DEMO_NAME);
    LedBlink(LED3_BIT, FLASH_COUNT);
    for(; ; i++)
    {
        i%=3;
        mbDogFeed=FALSE;
        LedSet(mLedBit[i], LED_ON);
        printf("LED %d is on\r\n",mIdLed[mLedBit[i]]);
        //喂狗,若注释掉下面这行语句,将不喂狗,系统将反复重启
        WD_FEED(WD_INT_1S);
        if(! mbDogFeed)
            printf("Watch dog has not be fed, CPU starts to reset...\r\n");
        delay1ms(800);
    }
    return 0;
}
```

第13章 FLASH读写实验

物联网传感器采集的数据，有些数据能及时上传，有些数据则需要保存备份，当传感器掉电时，数据不会丢失。过去，这种数据一般采用EEPROM来保存。但现在的MCU技术已经集成了NAND存储器，也就是所谓的FLASH，完全可以用FLASH来替代EEPROM保存数据。这样，电路板可以设计得更小，成本更低，由于FLASH集成在CC2540内部，其稳定性也更好。本章将介绍这种技术。

13.1 任务要求和效果呈现

任务要求：写一串字符串到指定的Flash地址，然后再从这个地址把字符串读出来，显示在串口控制台上。演示效果如图13.1所示：

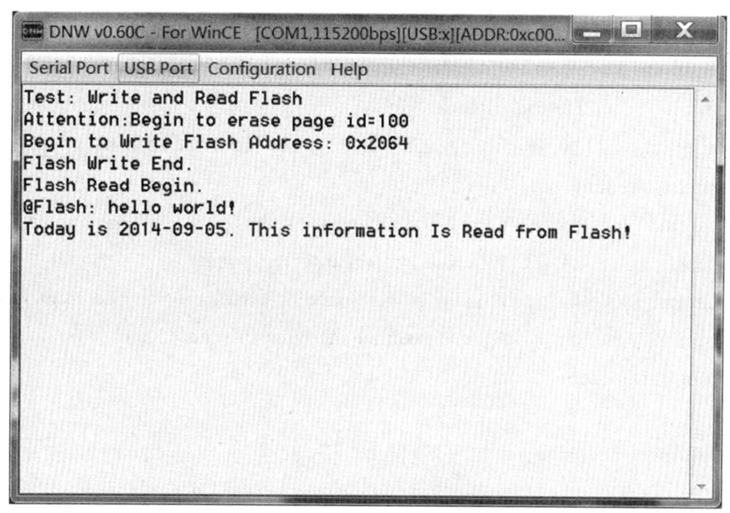

图13.1 Flash读写实验

13.2 实验原理

首先了解CC2540的闪存。CC2540内部包含闪存存储器，主要的用途是存储程序代码，当然也能存取数据。闪存存储器可以通过用户软件和调试接口进行编程。由闪存控制器处理写入和擦除嵌入式闪存存储器。嵌入式闪存存储器包括128个页面，每页有2k个字节。闪存页面是存储器内可擦除的最小单元，而32位字是可以写入闪存的最小可写单元。当执行写操作时，闪存存储器是字可寻址的，使用写入到地址寄存器FADDRH：FADDRL的一个16位地址。

执行页面擦除操作时，要被擦除的闪存页面通过寄存器位 FADDRH[7:1]寻址。注意闪存存储器寻址的不同当被 CPU 访问读取代码或数据时，闪存存储器是字节可寻址；当被闪存控制器访问时，闪存存储器是字可寻址，其中一个字由 32 位组成。

由于 TI 已经编写好 FLASH 的驱动代码，只要了解相应的函数功能就行，然后拿来用就好了。以下函数来自 TI，简单的英语就不翻译了，还是保留原貌的好：

```
/****************************************
 * @fn          HalFlashWrite
 * @brief       This function writes 'cnt' bytes to the internal flash.
 * input parameters
 * @param       addr - Valid HAL flash write address: actual addr / 4 and quad-aligned.
 * @param       buf - Valid buffer space at least as big as 'cnt' X 4.
 * @param       cnt - Number of 4-byte blocks to write.
 * output parameters
 * None.
 * @return      None.
 ****************************************/
void HalFlashWrite(uint16 addr, uint8 *buf, uint16 cnt);

/****************************************
 * @fn          HalFlashRead
 * @brief       This function reads 'cnt' bytes from the internal flash.
 * input parameters
 * @param       pg - A valid flash page number.
 * @param       offset - A valid offset into the page.
 * @param       buf - A valid buffer space at least as big as the 'cnt' parameter.
 * @param       cnt - A valid number of bytes to read.
 * output parameters
 * None.
 * @return      None.
 ****************************************/
void HalFlashRead(uint8 pg, uint16 offset, uint8 *buf, uint16 cnt)

/****************************************
 * @fn          HalFlashErase
 *
 * @brief       This function erases the specified page of the internal flash.
 * input parameters
 * @param       pg - A valid flash page number to erase.
 * output parameters
 * None.
 * @return      None.
```

```
* * * * * * * * * * * * * * * * * * * * * * * * * * * * * * * * * * * * * * * * */
void HalFlashErase(uint8 pg);
```

13.3 程序清单

```
#include "base.h"
#include "stdio.h"
#include "string.h"
#include "hal_defs.h"
#include "hal_types.h"
#include "myuart.h"
#include "hal_dma.h"
#include "hal_flash.h"
#include "myled.h"
#define PGADDR_BY_PGID(PAGE)          ((uint32)(PAGE)<<11)          //页面地址=页号 x(2K)
#define PGADDR_BY_ADDR(ADDR)          ((uint32)(ADDR)&0xFFFFF000))  //页面地址
#define PGID_BY_ADDR(ADDR)            (ADDR>>11)                    //页号=实际地址/2048
#define ADDR_IN_PG(ADDR)              ((uint32)(ADDR)&0x000007FF))  //由地址析出页中字节偏移地址
#define WADDR_IN_PG(ADDR)             (ADDR_IN_PAGE(ADDR)>>2)       //由地址析出页面中字偏移地址=页面中的偏移地址/4
#define ADDR_BY_PG(PAGE,OFFSET)       (PGADDR_BY_PGID(PAGE)+(OFFSET<<2))   //页面中字的地址=页面中的地址/4
/*以下语句注释掉,不会每次启动都擦除页面,一页有 512 个单元好写,可以全部写完了再执行擦除;但为了演示,可以注释掉,显示擦除页面再写的效果*/
//#define   ERASE_PAGE

#define LED1            P1_0        //Green
#define LED2            P1_1        //Yellow
#define LED3            P2_0        //Red
#define LED1_BIT        BV(0)
#define LED2_BIT        BV(1)
#define LED3_BIT        BV(2)
#define LEDS_BITS       (LED1_BIT|LED2_BIT|LED3_BIT)
#define LED_ON          0
#define LED_OFF         1
#define FLASH_DURATION  50
#define FLASH_COUNT     10
```

```
#define DEMO_NAME   "Test：Write and Read Flash\r\n"
#define INFORMATION "@Flash：hello world! \r\nToday is 2014-09-05. This information Is Read from Flash! "

void init_led()
{
  P1SEL &= 0xFC;
  P2SEL &= 0xFE;
  P1DIR |= ~0xFC;
  P2DIR |= ~0xFE;
}

static uint8  buff[100];
/*任务要求:写一串字符串到指定的 Flash 地址,然后再从这个地址把字符串读出来,显示在串口控制台上*/
int main(void)
{
   /*写入的页面,和页面中的偏移 */
   uchar wPage=100, offset=25,nLen=strlen(INFORMATION);
   uint32 addr;
   HAL_BOARD_INIT();
   uart0_init();
   HalDmaInit();  //这是必须的,flash 操作用到了 dma
   init_led();
   printf(DEMO_NAME);
   LedBlink(LED3_BIT, FLASH_COUNT);
#ifdef ERASE_PAGE
   printf("Attention:Begin to erase page id=%d\r\n",wPage);
   HalFlashErase(wPage);
#endif
   addr=ADDR_BY_PG(wPage,offset);
   printf("Begin to Write Flash Address: 0x%x\r\n",addr);
   //实际写入的是块数,一块=4个字节  //实际地址要除4,才能代入 HalFlashWrite
   HalFlashWrite(addr>>2,INFORMATION,(nLen>>2)+!!(nLen&0x03));
   printf("Flash Write End.\r\n");
   printf("Flash Read Begin.\r\n");
   HalFlashRead(wPage,offset<<2,buff,nLen);
   buff[nLen]=0;
   printf("%s\r\n",buff);
   while(1);
  return 0;
}
```

第 14 章　单总线实验

目前常用的微机与外设之间进行数据传输的串行总线主要有 I^{2}C 总线、SPI 总线和 SCI 总线。其中 I^{2}C 总线以同步串行 2 线方式进行通信(一条时钟线,一条数据线),SPI 总线则以同步串行 3 线方式进行通信(一条时钟线,一条数据输入线,一条数据输出线),而 SCI 总线是以异步方式进行通信(一条数据输入线,一条数据输出线)。这些总线至少需要 2 条或 2 条以上的信号线。

1-Wire,即单线总线,又叫单总线。近年来,美国的达拉斯半导体公司(DALLASSE-MICONDUCTOR)推出了一项特有的单总线(1-Wire Bus)技术。该技术与上述总线不同,它采用单根信号线,既可传输时钟,又能传输数据,而且数据传输是双向的,因而这种单总线技术具有线路简单,硬件开销少,成本低廉,便于总线扩展和维护等优点。

目前很多传感器都采用单总线协议设计,比如温度和温湿传感器。本章实验将用达拉斯的 DS18B20 做单总线实验,采集温度并显示。

图 14.1　手指按在 DS18B20 上面,温度立即上升 1℃

14.1 任务要求和效果呈现

任务要求:每隔 1s 采集 DS18B20 的温度并显示在控制台上如图 14.1、14.2 所示。

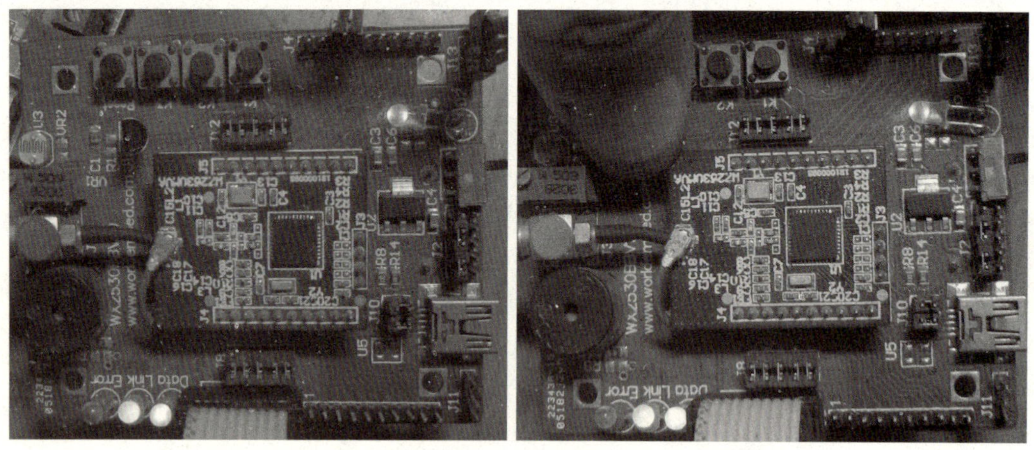

图 14.2 DS18B20 实验:手指按在 DS18B20 上面,使得温度发生变化

14.2 实验原理

本实验开发板已经配置了 DS18B20 传感器,先了解其在开发板上的硬件原理如图 14.3 所示:

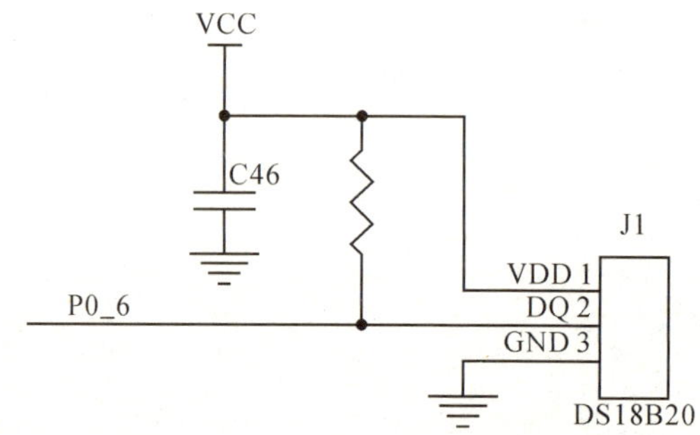

图 14.3 DS18B20 模块原理图

可以看出 P0_6 口是 DS18B20 的控制口。接下来了解 DS18B20 这个温度传感器。

DS18B20 是单线数字温度传感器,即"一线器件"。单总线即只有 1 根数据线,系统中的数据交换、控制都由这根线完成。单总线通常要求外接 1 个约为 4.7~10K 的上拉电阻,这样,当总线闲置时其状态为高电平。

DS18B20 具有独特的优点

(1)采用单总线的接口方式。与微处理器连接时,仅需要 1 条口线即可实现微处理器与 DS18B20 的双向通信。单总线具有经济性好,抗干扰能力强,适合于恶劣环境的现场温度测量，使用方便等优点，能使用户可轻松地组建传感器网络，为测量系统的构建引入全新概念。

(2)测量温度范围宽，测量精度高，DS18B20 的测量范围为－55～125℃；在－10～85℃范围内，精度为±0.5℃。

(3)在使用中不需要任何外围元件。

(4)可多点组网功能。多个 DS18B20 可以并联在唯一的单线上，实现多点测温。

(5)供电方式灵活。DS18B20 可以通过内部寄生电路从数据线上获取电源。因此，当数据线上的时序满足一定的要求时，可以不接外部电源，从而使系统结构更趋简单，可靠性更高。

(6)掉电保护功能。DS18B20 内部含有 EEPROM，在系统掉电以后，它仍可保存分辨率及报警温度的设定值。

DS18B20 的工作时序

DS18B20 的一线工作协议流程是：初始化→ROM 操作指令→存储器操作指令→数据传输。

其工作时序包括：

(1)初始化时序；

(2)写时序；

(3)读时序。

初始化操作

先将数据线置高电平“1”；延时(该时间要求不是很严格，但是尽可能短一点)；数据线拉到低电平“0”；延时 750 μs(该时间的时间范围可以从 480～960 μs)；数据线拉到高电平“1”；延时等待(如果初始化成功则在 15～60 μs 时间之内产生一个由 DS18B20 所返回的低电平“0”；据该状态可以来确定它的存在，但是应注意不能无限地进行等待，不然会使程序进入死循环，所以要进行超时控制；若 CPU 读到了数据线上的低电平“0”后，还要做延时，其延时的时间从发出的高电平算起[第(5)步的时间算起]最少要 480 μs；将数据线再次拉高到高电平“1”后结束。

对 DS18B20 的写和读操作

接下来就是主机发出各种操作命令，但各种操作命令都是向 DS18B20 写 0 和写 1 组成的命令字节，接收数据时也是从 DS18B20 读取 0 或 1 的过程。因此首先要搞清主机是如何进行写 0、写 1、读 0 和读 1 的。

写周期最少为 60 μs，最长不超过 120 μs。写周期一开始做为主机先把总线拉低 1 μs 表示写周期开始。随后若主机想写 0，则继续拉低电平最少 60 μs，直至写周期结束，然后释放总线为高电平。若主机想写 1，在一开始拉低总线电平 1 μs 后就释放总线为高电平，一直到写周期结束。而做为从机的 DS18B20 则在检测到总线被拉低后等待 15 μs 然后从 15～45 μs

开始对总线采样，在采样期内总线为高电平则为 1，若采样期内总线为低电平则为 0。

对于读数据操作时序也分为读 0 时序和读 1 时序 2 个过程。读时隙是从主机把单总线拉低之后，在 1 μs 之后就得释放单总线为高电平，以让 DS18B20 把数据传输到单总线上。DS18B20 在检测到总线被拉低 1 μs 后，便开始送出数据，若是要送出 0 就把总线拉为低电平直到读周期结束。若要送出 1 则释放总线为高电平。主机在一开始拉低总线 1 μs 后释放总线，然后在包括前面的拉低总线电平 1 μs 在内的 15 μs 时间内完成对总线进行采样检测，采样期内总线为低电平则确认为 0。采样期内总线为高电平则确认为 1。完成一个读时序过程，至少需要 60 μs 才能完成。

DS18B20 单线通信功能是分时完成的，他有严格的时隙概念，如果出现序列混乱，1-WIRE 器件将不响应主机，因此读写时序很重要。系统对 DS18B20 的各种操作必须按协议进行。根据 DS18B20 的协议规定，微控制器控制 DS18B20 完成温度的转换必须经过以下 3 个步骤：

(1)每次读写前对 DS18B20 进行复位初始化。复位要求主 CPU 将数据线下拉 500 μs，然后释放，DS18B20 收到信号后等待 16～60 μs 左右，然后发出 60～240 μs 的低脉冲，主 CPU 收到此信号后表示复位成功；

(2)发送一条 ROM 指令，如表 14.1 所示。

表 14.1 ROM 指令表

指令	约定代码	功 能
读 ROM	33H	读 DS18B20 温度传感器 ROM 中的编码(即 64 位地址)。
符合 ROM	55H	发出此命令之后，接着发出 64 位 ROM 编码，访问单总线上与该编码相对应的 DS18B20 使之做出响应，为下一步对该 DS18B20 的读写做准备。
搜索 ROM	0FOH	用于确定挂接在同一总线上 DS18B20 的个数和识别 64 位 ROM 地址，为操作各器件做好准备。
跳过 ROM	0CCH	忽略 64 位 ROM 地址，直接向 DS18B20 发温度变换命令，适用于单片工作。
告警搜索命令	0ECH	执行后只有温度超过设定值上限或下限的片子才做出响应。

(3)发送存储器指令，如表 14.2 所示：

表 14.2 RAM 指令表

指令	约定代码	功 能
温度变换	44H	启动 DS18B20 进行温度转换，12 位转换时最长为 750 ms(9 位为 93.75 ms)。结果存入内部 9 字节 RAM 中。
读暂存器	0BEH	读内部 RAM 中 9 字节的内容。
写暂存器	4EH	发出向内部 RAM 的第 3、4 字节写上、下限温度数据命令，紧跟该命令之后，传送两字节的数据。
复制暂存器	48H	将 RAM 中第 3、4 字节的内容复制到 EEPROM 中。
重调 EEPROM	0B8H	将 EEPROM 中内容恢复到 RAM 中的第 2、3 字节。
读供电方式	0B4H	读 DS18B20 的供电模式。寄生供电时 DS18B20 发送“0”，外接电源供电 DS18B20 发送“1”。

DS18B20 进行一次温度转换的具体操作

(1)主机先做复位操作。

(2)主机再写跳过 ROM 的操作(CCH)命令。

(3)然后主机接着写个转换温度的操作命令,后面释放总线至少 1s,让 DS18B20 完成转换的操作。在这里要注意的是每个命令字节在写的时候都是低字节先写,例如 CCH 的二进制为 11001100,在写到总线上时要从低位开始写,写的顺序是"0,0,1,1,0,0,1,1"。

读取 RAM 内的温度数据

(1)主机发出复位操作并接收 DS18B20 的应答(存在)脉冲。

(2)主机发出跳过对 ROM 操作的命令(CCH)。

(3)主机发出读取 RAM 的命令(BEH),随后主机依次读取 DS18B20 发出的从第 0~8,共 9 个字节的数据。如果只想读取温度数据,那在读完第 0 和第 1 个数据后就不再理会后面 DS18B20 发出的数据即可。同样读取数据也是低位在前的。

第二步跳过对 ROM 操作的命令是在总线上只有一个器件时,为节省时间而简化的操作,若总线上不止一个器件,那么跳过 ROM 操作命令将会使几个器件同时响应,这样就会出现数据冲突。

表 14.3　DS18B20 暂存寄存器分布

寄存器内容	字节地址
温度值低位(LS Byte)	0
温度值高位(MS Byte)	1
高温限值(TH)	2
低温限值(TL)	3
配置寄存器	4
保留	5
保留	6
保留	7
CRC 校验值	8

按照以上的原理说明,相应最重要的函数就是 DS18B20_reset()、DS18B20_read()、DS18B20_write():

```
void DS18B20_reset()
{
        DS18B20_SEL&=~DS18B20_BV; //设置为 GPIO
        DS18B20_DIR|=DS18B20_BV;
DS18B20_DQ=0;
delay2μs(250);   //至少 480μs 低电平复位
DS18B20_DQ=1;
```

```
    delay2μs(30);    //DS18B20 等待 15～60μs 发出低电平脉冲
     DS18B20_DIR&=～DS18B20_BV;
    while(DS18B20_DQ);
     while(! DS18B20_DQ);
    }
    /*************读一个字节********************/
    unsigned char DS18B20_read(){
    unsigned char i,data=0;
            DS18B20_DIR&=～DS18B20_BV;
            for(i=0;i<8;i++)
            {
                data>>=1; //数据右移
                DS18B20_DIR|=DS18B20_BV; //DQ 为输出状态
                DS18B20_DQ=0; //拉低总线,启动输入
                DS18B20_DQ=1; //释放总线
                DS18B20_DIR&=～DS18B20_BV; //DQ 为输入状态
                if(DS18B20_DQ) data|=0x80;
                delay2μs(22); //延迟 45μs(最大 45μs)
            }
    return(data);
    }
    /***************写一个字节**********************/
    void DS18B20_write(unsigned char data)
    {
    unsigned char i;
            DS18B20_DIR|=DS18B20_BV;
    for(i=0;i<8;i++)
            {
    DS18B20_DQ=0;   //拉低总线
    delay2μs(6);//延迟 10μs(最大 15μs)
    DS18B20_DQ=data&0x01;
    delay2μs(20);   //延迟 40μs(最大 45μs)
    DS18B20_DQ=1;   //释放总线
    delay2μs(1);     //稍微延迟
     data>>=1;
    }
  }
```

14.3 程序清单

文件 1:DS18B20.c

```
#include "DS18B20.hV

/***********初始化函数*************/

void DS18B20_reset()
{
         DS18B20_SEL&=~DS18B20_BV; //设置为 GPIO
         DS18B20_DIR|=DS18B20_BV;
DS18B20_DQ=0;
delay2μs(250);//至少 480μs 低电平复位
DS18B20_DQ=1;
delay2μs(30);//DS18B20 等待 15～60μs 发出低电平脉冲
         DS18B20_DIR&=~DS18B20_BV;
while(DS18B20_DQ);
         while(! DS18B20_DQ);
}
/*************读一个字节********************/
unsigned char DS18B20_read(){
unsigned char i,data=0;
         DS18B20_DIR&=~DS18B20_BV;
         for(i=0;i<8;i++)
         {
              data>>=1; //数据右移
              DS18B20_DIR|=DS18B20_BV; //DQ 为输出状态
              DS18B20_DQ=0; //拉低总线,启动输入
              DS18B20_DQ=1; //释放总线
              DS18B20_DIR&=~DS18B20_BV; //DQ 为输入状态
              if(DS18B20_DQ) data|=0x80;
              delay2μs(22); //延迟 45μs(最大 45μs)
         }
return(data);
}
/***************写一个字节**********************/
void DS18B20_write(unsigned char data)
{
unsigned char i;
         DS18B20_DIR|=DS18B20_BV;
for(i=0;i<8;i++)
         {
DS18B20_DQ=0;    //拉低总线
delay2μs(6);//延迟 10μs(最大 15μs)
DS18B20_DQ=data&0x01;
```

```
delay2μs(20);   //延迟 40μs(最大 45μs)
DS18B20_DQ=1;   //释放总线
delay2μs(1);     //稍微延迟
            data>>=1;
}
}

/************************读取温度值************/
float DS18B20_readtemp(void)
{
      static char busy=0;
      short temp;
      if(busy==0)
      {
        DS18B20_reset();
        DS18B20_write(0xcc);//跳过读序列号的操作
        DS18B20_write(0x44);  //启动温度转换
        busy=1;
      }
      DS18B20_DIR&=~DS18B20_BV;//输入状态,需要读总线
      if(DS18B20_DQ==0)
        return FLOAT_MAX;        //表明转换未完成,提示主机等待
      busy=0;
      DS18B20_reset();
DS18B20_write(0xCC);//跳过读序列号的操作
DS18B20_write(0xBE);  //读取温度寄存器等
temp =  DS18B20_read();
temp |= DS18B20_read() << 8;
      DS18B20_reset();//DS18B20 复位,表示读取结束
return temp/16.0;
}
```

文件 2:main.c

```
#include "base.h"
#include "stdio.h"
#include "string.h"
#include "hal_defs.h"
#include "hal_types.h"
#include "myuart.h"
#include "hal_dma.h"
#include "hal_flash.h"
#include "myled.h"
```

```
#include "ds18b20.h"
#define DEMO_NAME    "单总线实验———利用 DS18B20 精确测量环境温度\r\n"
/* 任务要求:写一串字符串到指定的 Flash 地址,然后再从这个地址把字符串读出来,显示在
串口控制台上 */
int main(void)
{
   /* Initialize hardware */
   float temperature;
   HAL_BOARD_INIT();
   uart0_init();
   init_led();
   printf(DEMO_NAME);
   LedBlink(LED3_BIT, FLASH_COUNT);
   while(1)
   {
      temperature=DS18B20_readtemp();
      if(temperature<1e30)
        printf("DS18B20 测量环境温度:%0.3f 摄氏度\r\n",temperature);
      delay1ms(1000);
   }
  return 0;
}
```